畲族生态伦理研究

雷伟红　黄　艳　著

浙江工商大学出版社
ZHEJIANG GONGSHANG UNIVERSITY PRESS
·杭州·

图书在版编目（CIP）数据

畲族生态伦理研究 / 雷伟红，黄艳著 . — 杭州：
浙江工商大学出版社，2021.7
ISBN 978-7-5178-4513-3

Ⅰ . ①畲⋯ Ⅱ . ①雷⋯ ②黄⋯ Ⅲ . ①畲族—生态伦
理学—研究—中国 Ⅳ . ① B82-058

中国版本图书馆 CIP 数据核字（2021）第 107476 号

畲族生态伦理研究
SHEZU SHENGTAI LUNLI YANJIU

雷伟红　黄　艳著

责任编辑	任梦茹　沈明珠
封面设计	沈　婷
责任校对	熊静文
责任印制	包建辉
出版发行	浙江工商大学出版社
	（杭州市教工路 198 号　邮政编码 310012）
	（E-mail: zjgsupress@163.com）
	（网址：http://www.zjgsupress.com）
	电话：0571-88904980，88831806（传真）
排　　版	杭州市拱墅区冰橘平面设计工作室
印　　刷	杭州高腾印务有限公司
开　　本	880mm×1230mm　1/32
印　　张	9.75
字　　数	194 千
版 印 次	2021 年 7 月第 1 版　2021 年 7 月第 1 次印刷
书　　号	ISBN 978-7-5178-4513-3
定　　价	52.00 元

目　录

第一章 导论

第一节 国内外生态伦理研究综述

一、国外生态伦理研究综述

生态伦理起源于西方，其拓宽了伦理学的边界，将人与人之间的关系延伸到人与自然道德的关系。这种立足于探讨人类与自然生态关系的伦理思想反映了尊重自然、维护人与自然和谐发展的内在品质。西方生态伦理思想的研究对中国生态环境及社会生活发展有着重要的借鉴意义，因此，厘清学术界对西方生态伦理思想研究的情况十分必要。

（一）农业天然道德论和田园共和主义生态伦理研究

西方生态理论思想的起源地主要是在美国，而在美国是由托马斯·杰斐逊和约翰·泰勒播散了生态伦理的种子。

1. 农业天然道德论生态伦理

杰斐逊关于生态伦理的观点表现为农业天然道德论，之所以有此表现主要是因为两点：一是杰斐逊的生长环境和自身爱好。杰斐逊的家乡位于美国的弗吉尼亚州，那里的自然环境十分优美，田园风光格外秀丽，这样的成长环境无疑为其田园色彩的农业天然道德论奠定了基础。同时，他本身对大自然和农业生产工作就十分钟情，对农业、农民、农业经济的评价极高。农业情怀使他的生态伦理观点也具有田园色彩。二是对国家政治、经济的现实认识和重农思想对其的影响。杰斐逊在欧洲旅行期间，通过观察欧洲社会的发展情况，认为如果国家在某些地方实施强制措施来维护自然资源，就是一种垄断政策，其结果就是不平等、非正义。而如果对于人类的生存资源，人们能够自由地接触，那么整个社会就会更加自由地发展。[①]因此，杰斐逊希望美国在政治、经济上能够更加自由而充实。与此同时，在杰斐逊看来，美国拥有广阔无垠的土地，有非常大的自然优势，不需要靠金融、制造业来发展社会，如果能够充分利用劳动力，就会形成具有自身特色的经济发展模式。更重要的是，他认为

[①] 参见沃浓·路易·帕林顿：《美国思想史 1620—1920》，陈永国等译，吉林人民出版社 2002 年版，第 309 页。

一个国家的社会道德水平与农民比重休戚相关，农民比重大，社会道德水平则越高。就像他曾经所说的，在田间劳作的农民是上帝的选民，其道德败坏现象的例子是举不出来的。[①] 基于以上两点，杰斐逊的农业天然道德论思想得以形成，并且，他极力倡导美国走农业发展道路。

2. 田园共和主义生态伦理

田园共和主义生态伦理的代表人物是泰勒，他继承和发展了杰斐逊的农业天然道德论生态伦理。泰勒不仅十分青睐重农经济，而且喜欢自己亲身体验农民的劳作生活。虽然在其生活的时代已经废除了封建剥削制度，但是资本贵族的崛起亦让他十分反感。泰勒认为，资本贵族和其他所有贵族一样，都有社会偷盗的嫌疑；其眼睛里只看得到财富，对人的道德本性毫不关注；其对劳动者进行无下限的剥削，课以重税。[②] 同时，他认为劳动人民从事农业生产，可以培养高尚的品格，能真正地创造财富，为了保护他们的利益，不能让资本贵族统治国家。

杰斐逊和泰勒关于生态伦理的价值理念和思想追求对于当时美国成为农业国起到了积极作用。但是，二者的思想具有浓厚的理想主义色彩。随着工业的快速发展，人与自然的关系问题逐渐显现，这种浪漫主义色彩的思想想要在现实中立足就变得异常艰难。

---

① 参见托马斯·杰斐逊：《杰斐逊选集》，商务印书馆 2011 年版，第 280 页。
② 参见沃浓·路易·帕林顿：《美国思想史 1620—1920》，陈永国等译，吉林人民出版社 2002 年版，第 365 页。

（二）超验主义者生态伦理研究

随着自然被人类赋予更多的唯美与神性光辉，田园情怀的生态伦理也逐渐演变为自然理想的生态伦理。这种生态伦理观在爱默生的《论自然》和梭罗的《瓦尔登湖》中有所体现。

1. 爱默生书房中对自然的沉思

爱默生关于生态伦理的思想在其作品《论自然》中有所展现。他认为，关于神灵与自然，我们要用自己的眼睛来看，而不是从先人留下的诗与哲学中感知。关于宗教的东西我们可以自己从上苍给予的启发中获得，而不是依赖于历史。①在他看来，上帝、人、自然是一个整体，人们应该学会用自己的眼睛认识、感知自然与神性。同时，爱默生还盛赞大自然的美，自然界不仅本身是美好的，而且还可以净化人的心灵，自私、权力、欲望等在自然面前都变得微不足道，甚至连亲情、友情等美好的东西在自然界里都是琐碎的，不值一提。②他希望人们能够走到自然中去，重新认识自然，对自然敞开心扉。然而爱默生关于自然有很强的自愈能力，可以取之不尽、用之不竭的思想也让人类付出了沉重的代价。

2. 梭罗现实实践中对自然的感悟

梭罗将爱默生书房中的思想往前推了一步，即在现实实践

---

① 参见 R.W. 爱默生：《自然沉思录》，博凡译，上海社会科学院出版社 1993 年版，第 1 页。

② 参见 R.W. 爱默生：《自然沉思录》，博凡译，上海社会科学院出版社 1993 年版，第 6 页。

中来感受自然。他的著作《瓦登尔湖》中不仅将自然之美表现得淋漓尽致，而且还描写了自然界与人类在情感上和道德上的连接。如瓦登尔湖的四季各有不同的美，无论哪个季节都会有多彩的惬意在这里上演，来到这里的人们都会惊叹自然的纯真、干净与圣洁。[1]同时，他认为对于人类来说，在与自然的接触中会感到愉悦，黑色的、悲伤的、抑郁的东西在自然面前会荡然无存。如果一个人在道德上有罪恶，在美丽的自然中就会幡然醒悟，只要你洗心革面，自然的美好将会原谅你。当然，其著作的意义绝不仅仅于此，还有关于好好生活的内容。他认为，在美丽的森林中，想从容、简单、健全而深入地生活，所有和生活无关的东西都要屏蔽掉，低成本、精神富裕的生活将有利于人类的进步。[2]梭罗所倡导的简朴生活可以使因人类欲望而受到过度利用的大自然得以休养生息，使受到破坏的环境能够恢复到较好的状态。梭罗无疑是西方生态伦理的精神先驱。

虽然爱默生和梭罗都看到了人类对自然界的破坏，但是，到底应该怎样好好地利用自然为人类造福，怎样来保护人类的生存环境，二者均没有回应。

（三）自然保护主义和资源保护主义生态伦理研究

随着美国工业化和城市化进程的不断加速，其给环境带来的

---

[1] 参见亨利·戴维·梭罗:《瓦尔登湖》，苏福忠译，人民文学出版社2004年版，第145页。

[2] 参见亨利·戴维·梭罗:《瓦尔登湖》，苏福忠译，人民文学出版社2004年版，第94页。

压力也越来越大。在自然界面临的灾难日益加重的情况下，美国开展了第一次环境运动，希望以此能保护自然环境。在这个过程中，出现了两种不同的主张，即约翰·缪尔的自然保护主义和吉福特·平肖的资源保护主义。

1. 自然保护主义生态伦理

以缪尔为代表的自然保护主义生态伦理受到爱默生和梭罗的极大影响，其对自然界抱有一种超验情怀，认为自然界的美是上帝的恩赐。正如他曾说的，小山、树林、石头等也拥有生命，任何人看到他们都不会熟视无睹，他们的美是上帝之美，会让人感到惊奇。[①] 然而，在他的实践中，对自然之美破坏的现象经常出现，因此，他意识到对自然界的保护十分必要，自然界中的所有物种都是有生命的，必须依靠联邦政府才能挽救被破坏的环境。[②] 在他的呼吁下，联邦政府开始了开发和保护自然资源的新尝试，不仅采取森林保护政策，还设立了国家公园、野生动物保护区、国家级纪念保护林等，这些举动对于自然界的保护具有重要意义。缪尔的思想和实践走在了爱默生和梭罗的前面，他强调自然的内在价值和精神价值，用实际行动保护自然生态的完整性。

[①] 参见约翰·缪尔：《夏日走过山间》，邱婷婷译，上海译文出版社 2014 年版，第 149 页。

[②] 参见约翰·缪尔：《我们的国家公园》，郭名倞译，吉林人民出版社 1999 年版，第 249 页。

2.资源保护主义生态伦理

平肖的资源保护主义生态伦理和缪尔的自然保护主义生态伦理既有相交之处，亦存在着不同。首先，二者都主张对于滥用和破坏自然资源的行为，国家要参与进来，要依靠政府的力量来控制、管理和保护自然资源。当然两人的生态伦理思想也存在着极大的不同。平肖认为，如果只是单纯的保护自然，而不考虑经济因素的话，是一种浪费自然资源的行为，这种浪费的行为与破坏自然的行为在性质上是一样的。正如沙别科夫指出的，平肖管理森林的目的是更充分地利用它们，而不是为了它们的美丽。他没有美学观念，至少从职业上来说是如此。他没有兴趣为保护自然而保护自然，很少关心保护野生动物和在土地上给人们提供游览和休闲的机会。[①] 不过，他的主张顺应了美国发展经济的社会现实，因此十分容易让当时的政府接受。

缪尔和平肖的生态伦理思想都深深地影响了美国的环境政策和环保实践，这两种不同的理念虽存在着分歧，但是使人们开始重新思考人与自然、人与环境的关系。

（四）敬畏生命和生物中心生态伦理研究

敬畏生命生态伦理是生物中心生态伦理的早期版本，前者的代表人物是阿尔贝特·史怀泽，后者的代表人物有鲍尔·泰勒和罗宾·阿提费尔德。由于对生命的尊重和珍视，以及对生

---

① 参见菲利普·沙别科夫:《滚滚绿色浪潮：美国的环境保护运动》，周律、张进发、吉武、盛勤跃译，中国环境科学出版社1997年版，第59页。

物多样性减少的高度关注，敬畏生命和生物中心生态伦理便出现了。

1. 敬畏生命生态伦理

史怀泽生活在一个充满战争和杀戮的时代，这让他在对一切生命产生同情的同时，更是对其有着认真的思考。当他看到动物和它们的幼崽在一起轻松欢乐地嬉戏时，便深受感动，"敬畏生命"一词在其脑海闪现。首先，敬畏生命是指敬畏一切的生命，人、动物、植物，一切生物的生命都是自然和道德现象，都是异常珍贵的。其次，敬畏生命的主体是人，除了人以外，其他生物对敬畏生命是无知的，只有人才能够理解其意义，才能够帮助、拯救其他受苦的生物，当然当人的生命受到威胁时，应牺牲其他生命来好好地保存自己。[①]最后，敬畏生命是展现人的德行的方式，要学会关怀和善待其他一切生命，并努力保持和促进其生存。敬畏生命所包含的爱、同情、奉献等美德是非常有意义的，这种生态伦理思想对当代生态伦理发展具有指导作用。

2. 生物中心生态伦理

如果说敬畏生命生态伦理回答了敬畏生命是什么的话，那么生物中心生态伦理就回答了为什么敬畏生命。泰勒认为之所以要敬畏生命，是因为所有生命都有其固有价值，同时他指出，论证生物中心生态伦理的中心原则是好的和道德的，如何才能

---

① 参见阿尔贝特·史怀泽：《敬畏生命——五十年来的基本论述》，陈泽环译，上海社会科学院出版社2003年版，第20页。

体现出道德，即要尊敬自然。[①] 他关于所有生命都有其固有价值的论述，以及尊重自然的生态伦理研究是史怀泽所没有提到过的。在泰勒生态伦理研究的基础上，阿提费尔德有了新的发展。前者主要以尊重自然的态度来判断是否道德，而后者则要看具体的决策。即阿提费尔德的生态伦理思想不是建构一种环境道德理想，而是要通过道德手段和正确的原则来解决人与自然环境之间的矛盾。在这个过程中，对人和动物的道德关怀要高于对无感觉植物的道德关怀，反对生物平等主义和整体主义。

（五）整体主义生态伦理研究

如果说前面几项研究，是生态伦理早期和基础研究，那么整体主义生态伦理就是西方生态伦理被学界广泛关注时期的成果。20世纪30年代以来，整体主义生态伦理蓬勃发展，以期建立起人与自然的和谐关系。它主要包括大地伦理学、深层生态学和自然价值论伦理学。

1. 大地伦理学

西方生态伦理学真正意义上的先驱是奥尔多·利奥波德，其大地伦理学思想源于平肖的功利主义和保持主义，当然这种功利主义不仅仅限于人的角度，而应该扩展到大地。他的大地伦理学的提出预示着生态伦理学时代的到来。利奥波德认为，整个生态系统是一个共同体，其包括土壤、水、动物、植物、山

---

① 参见 Paul Taylor, *Respect for Nature*. Princeton: Princeton University Press, 1986,P.80.

川等元素。在这个共同体中，呈现出一个大地金字塔的模型。在这个模型中，有不同的层位，从低到高分别是土壤、植物、昆虫、马和啮齿动物，最高层是食肉动物。①共同体中的个体之间既有竞争又有合作，以保持其稳定性，当然面对其所具有的复杂性和多样性，人类需要对其进行保护。但是，在这个过程中，人类也不应该过度干预，因为生物共同体本身具有自我修复、自我调节的功能。当然在拓展共同体边界的同时，也要强调我们人类对自然界的情感。大地伦理道德权利的延伸不仅是一个有意识的进化，同时也是人类对自然界情感加深的发展过程。②这种情感的建立使其他生物个体能够真正得到人类的尊敬，使人类不单单是从自身利益的角度，而是从整个生态系统的角度来关爱自然、保护资源。

2.深层生态学

以整体主义为基础的深层生态学代表人物是阿伦·奈斯。他的整体论思想首先表现为自我实现，这里的自我指的是整个生态系统中的大我，自我实现是人类所追求的理想目标。为了实现这一目标，我们不能破坏任何一种生物个体，只有维护好整个生态系统的完整性，认识到其复杂性，尊重其多样性，才可能完成自我实现。奈斯的自我实现所要挖掘的是人类内心的善，

---

① 参见奥尔多·利奥波德:《沙乡年鉴》，侯文蕙译，吉林人民出版社 1997 年版，第 204 页。
② 参见奥尔多·利奥波德:《沙乡年鉴》，侯文蕙译，吉林人民出版社 1997 年版，第 192 页。

既不同于利奥波德的因为人类是自然界的一员所以要尊重它，也不同于罗尔斯顿的所有生物都有其内在价值，以要求人对大自然的认同。他认为人类因情感共鸣，看到受伤的其他生物，能够积极主动、自觉地去挽救和保护，从而对整个生态环境能自觉保护，以实现人与自然的和谐相处。同时，深层生态学的最高准则是生物中心主义平等。他要表达的是整个生态体系中的所有物种都和人类是一样的，无所谓高低贵贱，没有优劣之分，其本身都是一体的。这种平等的思想也从侧面反映了人类要尽可能最小化地破坏生态环境。

3. 自然价值论伦理学

以整体主义思想为基础的生态伦理还包括霍尔姆斯·罗尔斯顿的自然价值论伦理学。这种整体主义的视角，使罗尔斯顿也将自然界看作一个生命共同体，而自然价值就被定义为共同体中的善。在整个生态系统中，每一个组成部分都有其价值，包括工具价值、内在价值和系统价值。因为自然界本身具有创造性，这种创造性就决定了其具有的价值，只要生态系统中有自发创造的地方，其就存在着价值。[1] 因此，创造性使自然界中的世界万物具有了自然价值。另外，自然界本身不仅创造了繁多的物种，而且创造出有能力、有义务的人。[2] 如果说自然界中的

---

[1] 参见霍尔姆斯·罗尔斯顿：《环境伦理学——大自然的价值以及人对大自然的义务》，杨通进译，中国社会科学出版社2000年版，第186页。

[2] 参见霍尔姆斯·罗尔斯顿：《环境伦理学——大自然的价值以及人对大自然的义务》，杨通进译，中国社会科学出版社2000年版，第188页。

各种物种都有其价值，那么价值是客观存在的，而作为人类则有义务去保护具有自然价值的生态系统，以维护其完整性和稳定性。

整体主义生态伦理思想有着重要的理论优势，其强调了人与自然界的整体性、统一性，两者之间紧密联系，不可分割。这种思想比只以人类为中心的思想有重要进步。同时，整体主义生态伦理思想强调的自然界的自然价值使其要享受人类的道德关怀，从而保持其完整性。当然，整体主义生态伦理也有其局限性，如其过分强调整体利益和价值的话，就有可能忽视个体的利益和价值。

（六）生态神学伦理研究

西方的生态神学伦理主要是指基督教生态神学。由于基督教所树立的自然世俗化的观念，他们应该为所遭遇的生态环境危机负重大责任。① 面对林恩·怀特等生态主义者的批评，为了适应破解生态危机的潮流，犹太基督教神学界开始对其传统教义进行重构，摒弃了传统的人与上帝的关系，重新认识自然、人、上帝之间的关系。莫尔特曼说，所有的真实存在和所有有生命的事物都仅仅是它的联系，彼此之间的关系以及在其周围事物的集合和显现。② 生态神学伦理就是要唤醒人们对共同体的认识，

---

① 参见王正平：《环境哲学——环境伦理的跨学科研究》，人民出版社 2004 年版，第106 页。

② 参见莫尔特曼：《创造中的上帝》，隗仁莲、宋炳炎译，上海三联书店 2002 年版，第 8 页。

只有相互联系、彼此依赖的共同体道路才是其正确的选择，才能营造自然、人、神的生态和谐。一方面生态神学强调要敬畏自然，另一方面强调自然、人、神三者之间的内在关联。生态神学伦理所提出的人、神与自然和谐相处的新型生态伦理思想，为西方生态伦理提供了宝贵的思想资源。西方对生态神学伦理的研究主要有以下几个派别：

1. 托管派的生态神学

在生态神学中，托管派神学是非常重要的一支派别。它所主张的是，上帝是世界的主人和主宰，应该由人来管理自然，但是这是遵照上帝的托付，人类之所以要关爱自然也是完成对上帝的义务。我们所生活的世界不过是上帝的产物，其不过是上帝的财产，人类不能依据自己的标准来随意处理。[①] 所以，人类应该按照上帝的托付，当好忠心的管家，保护好大自然，如果人类不能完成管理自然的职守，必将生活困苦，受到灾难，这是上帝对人类的惩罚。[②] 上帝所创造的自然万物如有任何损害，都是对其意志的违背，人作为上帝所托付的管理者，有关爱自然，使其不受损害的义务。同时，生态神学还认为，人类应该要敬畏自然，要以节制的态度对待自然资源，替上帝好好保护好人类的家园。但是，也有人对托管派提出了批评，认为其更

① 参见莫尔特曼：《创造中的上帝》，隗仁莲、宋炳炎译，上海三联书店2002年版，第45页。
② 参见何怀宏：《生态伦理：精神资源与哲学基础》，河北大学出版社2002年版，第163页。

多是重视人与上帝的关系，而忽视了人与自然的关系，尤其是对人与自然相互依赖关系的忽视。托管派的论调虽有合理之处，但是他只强调人管理自然，却未正视人对于自然的依赖，这无疑是将两者的关系进行主客划分。[①]

2.过程生态神学

与托管神学相比，过程生态神学是一种比较激进的生态伦理派别，它是过程神学与生态伦理思想融合而成的。过程生态神学主张的是，由于整个宇宙都处于变化中，所以人、自然与上帝也都在不断地演化，那么三者之间的关系既具有整体性，同时也具有过程性。过程生态神学与深层次生态学有相近之处，尤其是其强调的人与自然的统一性、关联性以及万事万物都具有内在价值。[②] 但其与传统神学理论有着明显不同。过程生态神学认为绝对的、永恒不变的上帝是不对的，上帝更不应该具有控制力。这无疑是对传统神学理论的挑战。柯布和格里芬说道，对于上帝所说的、所做出的决定，如果我们认同就是选择了生存，如果我们拒绝就是选择了灭亡。[③] 这表明上帝的活动具有一定的强制性，这种思想当然会被当作邪说，也是过程生态神学的激进之处。其所主张的让世界从上帝中分离出来，或者让上帝能够融入自然世界无疑抬高了自然的地位，削弱了上帝的

---

① 参见赖品超：《生态神学》，香港基督徒学会 2002 年版，第 428 页。

② 参见杨通进：《生态中心主义（二）：深层次生态学》，河北大学出版社 2002 年版，第 523 页。

③ 参见 John Cobb, *The Process Perspective*. St.Louis,Missouri:Chalice Press,2003, P.9.

力量。

3. 生态女性主义神学

与过程生态神学一样，生态女性主义神学也是一种相对比较激进的生态伦理派别。其与过程生态神学一样，都改变了传统神学中的上帝形象。生态女性主义神学将自然与女性解放放在一起讨论，以期将改变女性的命运、实现社会平等作为解决生态危机的有效途径。如鲁塞尔认为，女性要将自身的解放与生态问题联系起来，如果女性在社会中没有真正的自由，那么，生态问题也很难得到有效的解决。[①] 同时，在生态女性主义神学看来，自然环境遭遇的危机和社会的不公皆是上帝对背信的人类的惩罚，那么相应地，我们所生活的自然界也会给人类传达上帝宽恕的信息。当然，如果人类在犯错之后能够表达悔罪，上帝是会宽恕的，那么我们所生活的世界就会获得新生。在这个全新的世界中，我们所有人之间的关系是合理、公正的，如此和谐的关系必然会为生态环境带来繁盛。[②]

不可否认，生态神学的研究，从新型的视角构建了生态伦理，对生态保护事业的发展具有一定的积极意义，然而其缺陷也较为明显。如依靠《圣经》来解决生态危机，其实更多的是解决宗教危机，而且其对生态的解读往往都比较牵强。又如一

---

① 参见 Rosemary.R.Ruether. *New Woman/New Earth:Sexist Ideologies and Human Liberation*, New York: The Seabury Press,1975,P.204.
② 参见李瑞红：《萝斯玛丽·雷德福·鲁塞尔的生态女性主义神学思想研究》，中国社会科学院研究生院 2008 年版，第 204 页。

些比较激进的派别，对上帝形象的重新定义，有可能没有解决生态问题，反而引发了基督教徒的信仰危机。

（七）激进主义生态伦理研究

西方对于激进主义生态伦理的研究主要集中在三个方面：其一是强调人的意识对于自然界往好的方向转变的重要作用的深层生态学；其二是致力于实现社会、政治、经济和谐发展的社会生态学；其三是主张只有实现女性解放、消除社会不公平才能使人与自然关系得到缓解的生态女性主义。

1. 深层生态学的生态伦理思想

深层生态学的主张主要体现在两个方面。第一，在整个生物圈，所有的生物都是平等的，即生物圈平等主义。第二，人在整个生物圈中，人对于其他生物虽然有情感、有同情，但是为了自身也会毁灭其他生命，即自我实现论。奈斯曾经对这两点做过解释，所有的生物都拥有生存权和发展权，然而我们作为人类，为了自身的利益，也会杀死其他生命。[①] 当然所有生物都是紧密相连的，我们伤害其他生物其实也是在伤害自己。为了解决这一情况，奈斯又提出了两项原则，即根本需要原则和亲近原则。当然也有人对这种等级的价值加以诟病。其实对于深层生态学的批评，主要在于批评者认为该思想有一种反人类的态度，还有其所主张的限制人口增长也有生态法西斯的倾斜趋

---

① 参见 Stephan Bodians, *Simple in Means Rich in Ends:A Eonversation with Ame Naess*. Ten Directions(Summer/Fall), Vol.(b),1982,P.7.

势，以及对自我价值的迷恋等。

2. 社会生态学的生态伦理思想

社会生态学的主要代表人物是布克钦。他认为，我们所面临的生态问题在于人类社会本身，只有消除社会中的等级观念和身份制度，用生态学的原则重新组织社会才有可能实现生态社会。[①] 社会生态学的生态伦理思想所体现的是整个生物共同体之间的新的共生关系，在这个新的关系中，要遵循参与和分化两个原则。即在自然界中，所有生物通过参与、分化、合作、互补来实现各自的生存与发展。当然，社会生态学生态伦理思想还体现在其对深层次生态学的批判上。如其认为生态危机的根源不在信仰、宗教或哲学系统，而在社会性；自然与社会是整体的，而非独立分开的；建立理性的生态社会不能通过减少人口来降低对自然界的破坏；批判其关于人类对自然作用的矛盾思想；解决生态危机的路径应该是要求社会、政治参与，而非沉思等。

3. 生态女性主义的生态伦理思想

生态女性主义的生态伦理思想与以上两种激进的生态伦理思想有着密切的联系，其中，它与社会生态学有一些比较相近的观点，尤其是在理解社会与自然的关系上，两者极为相近，因此被称为社会的生态女性主义生态伦理。它所关注的是社会是如何组织起来的，只有不断加强社会结构的变革，才能解决女

---

① 参见 Murray Bookchin, "*Tinking Ecologically:A Dialectical Approach,*" *Our Generation*, Vol.18(2),1987,P.3.

性自由的问题以及生态环境问题。如果一个国家的社会结构存在支配的模式，女性们处于被支配地位，没有真正的自由，那么生态环境所面临的危机也无从解决。因此，要看到必须把女性解放和生态运动联合起来，才能解决具体的问题。[①]同时，它还有另外一个支流，那就是与深层次生态学结合的被称为文化的生态女性主义生态伦理。文化的生态女性主义生态伦理所依赖的是女性的美好形象，其能培养关爱、同情等美好的人类感知，这样就能与自然建立一种非支配、非控制的共生关系。加之女性本身具有的创造和孕育生命的能力，而自然界同样具有赋予生命的力量，从这个角度上来看，在精神上女性与自然的亲近程度远远超于男性。同时，女性的心灵在思考人与自然的关系上也更加适合。[②]

以上三种激进的生态伦理思想研究分别从转变社会价值意识、绿色政治、文化和社会政治结构方面展开。他们的研究有对现实问题的深刻批判，也有对未来生态伦理发展的美好憧憬，但是，其所面临的社会现实问题依然对其有着重要考验。他们所提倡的关于解决生态问题的路径也将受到新的现实的挑战。

---

① 参见 Rosemary R.Reuther, *New Women/New Earth: Sexist Ideologies and Human Liberation*. New York:The Seabury Press, 1975,P.266.
② 参见何怀宏:《生态伦理：精神资源与哲学基础》，河北大学出版社 2002 年版，第 230 页。

二、国内生态伦理研究综述

随着西方生态伦理作品的广泛传播和思想的影响，我国在面临生态环境问题时，也掀起了对生态伦理研究的热潮。在对生态伦理思想理论学习和实践反思的基础上，目前学界已有大量的研究成果。

我国的生态伦理研究既立足于中国古代关于生态伦理的思想，又与西方生态伦理相结合，并试图构建一种新的范式以适应时代的发展需求，无论是在理论上还是实践上都有一批研究成果。国内对于生态伦理理论与实践研究的集大成者是余谋昌。他的《生态伦理学——从理论走向实践》[①]一书，对生态伦理的理论有着深入的研究，既包括对自然界价值的研究，又包括对自然界权利的重要探讨；同时，他又对生态伦理的实践即对人类生活的各个领域，包括政治、环境、森林、土地、资源、消费、企业、人口、科学、战争等提出了不同的伦理要求以及生态伦理原则。雷毅在《生态伦理学》[②]一书中也对生态伦理思想和其在生态实践中的应用问题做了重要探讨。如他对西方的生态伦理思想进行了客观评价，对生态伦理的基础、原则以及行为规范做了详细论述，对生态意识与个人生活方式、大自然的保护和相关资源管理等生态实践进行了解读。章海荣的《生态

---

① 余谋昌：《生态伦理学——从理论走向实践》，首都师范大学出版社 1999 年版。
② 雷毅：《生态伦理学》，陕西人民教育出版社 2000 年版。

伦理与生态美学》①也对生态伦理问题进行了深入研究。此书立足于生态环境所面临的现实危机，以具体的事例为证，并从人类社会发展的视角、传统视角、生态理论层面以及哲学高度探讨了生态伦理与生态美学问题，具有重要的实践意义。于川的《实践哲学语境下的生态伦理研究》②一书对我们也有重要启示。如其将抽象的哲学和实践性的生态伦理结合在一起，以农业为视角，让我们了解、认清自己所身处的生态环境，并深知自然环境对我们的重要性。以上著作着重探讨了生态伦理的理论与实践问题。当然，国内关于生态伦理研究还有诸多的成果。其中比较有代表性的有李春秋、陈春花的《生态伦理学》③，周国文的《西方生态伦理学》④，王国聘、曹顺仙、郭辉的《西方生态伦理思想》⑤。通过这些著作，一方面，我们可以更好地了解关于人与自然的关系、生态危机与人类道德责任的关系、生态危机与生态道德基本原则与规范的关系以及生态道德范畴等问题，从而使我们能更好地掌握生态伦理学这门学科。另一方面，我们可以看清西方伦理学的发展历程，认识西方生态伦理学的科学内涵，从而为中国生态伦理学的进一步发展积累宝贵经验。同时，书中对于西方生态伦理学体系、各个流派的生态伦理观点的剖析，以及所涉及的价值观念和行为准则将对我国生态伦理

---

① 章海荣：《生态伦理与生态美学》，复旦大学出版社 2005 年版。
② 于川：《实践哲学语境下的生态伦理研究》，上海社会科学院出版社 2019 年版。
③ 李春秋、陈春花：《生态伦理学》，科学出版社 1994 年版。
④ 周国文：《西方生态伦理学》，中国林业出版社 2017 年版。
⑤ 王国聘、曹顺仙、郭辉：《西方生态伦理思想》，中国林业出版社 2018 年版。

思想的建构产生重要影响。概括起来说，我国生态伦理研究具有以下特点：

（一）研究的范围十分广阔

国内生态伦理研究可谓横跨古今，范围十分广阔。为了解决人类社会面临的生态危机，恢复生态平衡，实现可持续发展，学者们一方面深挖中华民族优秀的传统文化关于生态伦理的思想，另一方面立足于新时代的具体国情，以习近平的生态伦理思想为指导，以期实现人与自然的和谐发展。

1. 中国古代生态伦理研究

中国古代生态伦理研究中，主要涉及儒家、道家等在面临生态问题时所持有的态度。一是儒家生态伦理研究。涉及儒家生态伦理研究的有章海荣的《生态伦理与生态美学》[①]、戚莹的《儒家"天人调谐"对当代生态伦理观启示》[②]以及彭陈和李宝艳的《儒家伦理思想的当代再阐释》。[③]在现有研究中我们可以看出，关于东方生态伦理思想研究虽然有一些重要成果，然而对儒家思想中关于生态伦理的剖析却不是很多。但是，从其关于人与天的关系，人对自然界、天、地的态度中可以看出儒家思想是将天、地、人视为一个整体的。这种思想已初见生态伦理的雏形。同时，儒家思想中关于生态伦理的"天人合一""和

---

① 章海荣：《生态伦理与生态美学》，复旦大学出版社2005年版。
② 戚莹：《儒家"天人调谐"对当代生态伦理观启示》，《农村经济与科技》2019年第13期。
③ 彭陈、李宝艳：《儒家伦理思想的当代再阐释》，《农村经济与科技》2018年第3期。

谐共生""顺时节用"等思想，启示人类一方面要继承其可持续发展思想、绿色生活方式以及较高的生态道德水平，另一方面也要结合当下现实状态，认清其局限性。在当今生态环境遭遇重大危机时，必须重塑绿色的生态观，而中国古代儒家的思想对于我们重新认识、改造、保护自然环境有着重大的借鉴意义。其"天人调谐"的生态伦理思想认为人与自然密不可分，两者只有协调发展才能实现和谐的生态自然。二是道家生态伦理研究。与儒家生态伦理思想相比较，道家的则更彻底，更接近自然，与西方的生态伦理思想也更为接近，因此引起了很多学者的共鸣。学者何如意[①]、计生荣[②]都对道家生态伦理进行了研究。当前人类环境所面临的问题，可以从道家生态伦理思想中得到启示。其关于天、地、人、道本身就是一个整体，人要依天道，顺应自然发展规律，同时要注意节制人类的物欲的思想，尤其是老子的"道法自然"思想，从社会政治、经济建设以及思想文化上为当今生态环境建设提供了宝贵经验。

2.新时代习近平生态伦理研究

为了解决新时代生态环境所面临的全新问题，学者们立足国情，认真学习和研究习近平关于生态伦理的重要思想，以期建构新时代中国特色社会主义生态伦理思想体系。如郭晓磊的

---

① 何如意：《老子"道法自然"的伦理思想及其生态启示》，《南京林业大学学报（人文社会科学版）》2019年第4期。

② 计生荣：《道家生态伦理思想研究》，《开封教育学院学报》2019年第11期。

《习近平生态伦理思想的哲学意蕴和当代价值》[①]，冯正强、何云庵的《习近平的生态伦理思想初探》[②]及王宽、秦书生的《习近平新时代关于生态伦理重要论述的逻辑阐释》[③]，都对习近平生态伦理思想进行了研究。习近平生态伦理思想的主要内容包括实现经济与绿色生态环境的共同发展，实现人与自然的和谐发展，通过划定生态红线，走低碳环保的发展之路。其体现了马克思主义生态伦理观的意蕴，以两点论和重点论为哲学基础，对新时代中国生态环境保护具有重要的实践价值。当然，习近平生态伦理思想以生命共同体为哲学本体，体现了节制、公平与友善的生态美德，其目标是建立新时代的美丽中国，它具有整体性的特征。同时，习近平的生态伦理思想以马克思主义生态伦理为理论基础，以中华民族传统生态文化发展为历史逻辑，以新时代生态文明建设为现实逻辑，反映了在人类命运共同体中，我们要尊重、珍爱、保护自然，同时也体现了对破坏自然的行为必须权责共担。

（二）研究的内容越来越丰富

我国生态伦理研究不仅范围广阔，研究的内容更是十分丰富，目前学界对生态伦理研究的内容涉及构建人类命运共同

---

① 郭晓磊：《习近平生态伦理思想的哲学意蕴和当代价值》，《党史文苑》2017 年第 6 期。
② 冯正强、何云庵：《习近平的生态伦理思想初探》，《社会科学研究》2018 年第 3 期。
③ 王宽、秦书生：《习近平新时代关于生态伦理重要论述的逻辑阐释》，《东北大学学报（社会科学版）》2019 年第 6 期。

体①、生态文明建设②、解决传染病危机③、野生动物保护④和少数民族文化保护⑤等方面。

　　首先，构建人类命运共同体是生态伦理的重要内容。对于新时代中国特色社会主义而言，我们要摒弃西方路径，突破中国古代生态伦理的界限，以创新的精神，赋予生态伦理全新的内涵，从而促进人类文明的共同发展。其次，生态文明建设与生态伦理密切相关。当前我国生态文明建设要以生态伦理的理论基础为指导，要尊重自然的发展规律，顺应自然的发展趋势，保护自然环境。再次，传染病危机的解决路径离不开生态伦理思想的指导。传染病一旦出现，说明人与自然相处出现了失衡，要从生态伦理的角度来探索如何促使人与自然和谐相处，人类只有与自然环境之间达成和解，才可以获得真正的免疫力，才能有效地解决所面临的传染病危机。又次，要从生态伦理的角度来看待野生动物保护。由于人类对野生动物保护缺乏自觉性，伦理意识薄弱，以及为了实现自己的利益，使野生动物出现了重大的生存和发展危机，因此，我们要树立人与自然和谐相处、可持续发展等价值平等的生态伦理观，以保护野生动物，完善生态文明建设。同时，鉴于动物的生态价值和生态权利，人类

---

① 张燕：《构建人类命运共同体的生态伦理思考》，《昭通学院学报》2019 年第 6 期。

② 杨蕾：《从生态伦理视角看当前我国生态文明建设》，《河北农机》2019 年第 11 期。

③ 史军、柳琴：《传染病危机的生态伦理学反思》，《闽江学刊》2020 年第 2 期。

④ 张红：《基于生态伦理视角的我国野生动物保护研究》，《国家林业和草原局管理干部学院学报》2020 年第 1 期。

⑤ 周鑫、高洁：《贵州少数民族精神文化中的生态伦理思想》，《芜湖职业技术学院学报》2018 年第 4 期。

应该处理好与其的关系。为了实现两者之间的和谐关系，我们应该对动物进行分类、管理和保护。这既是我们的责任，也是顺应自然发展规律，实现两者和谐共生的要求。最后，少数民族文化保护是生态伦理建设的重要一环。在长期的发展进程中，少数民族形成了丰富多彩的文化，其拥有的宗教、节日、礼俗，特有的农耕生产方式、饮食文化、居住文化等是其民族的瑰宝，这些民族精神文化蕴含着重要的生态伦理思想，不能为了经济发展，造成对其的破坏，必须要给予尊重和保护。同时，世间万事万物皆有灵，少数民族的文化亦是如此，我们要始终遵循人与自然和谐相处的理念，以善的伦理观作为道德导向，坚持可持续的生态发展道路。其实，少数民族在长期与自然交互中，已形成了与自然和谐共生的理念，这不仅在农耕文化、礼仪中有所体现，在禁忌民约、器物中也有所反映。而各少数民族之间也要相互借鉴，使生态伦理的建构更符合发展要求。

（三）研究的跨学科性质更加明显

在当前国内生态伦理研究中，我们可以看到各个学科的成果。不同的学科领域已融入了关于生态知识和生态意识的内容，这为我们进一步深入研究生态伦理思想奠定了基础。

生态伦理与政治学科的结合。我们必须清楚，政治与生态伦理不是分裂开来的，而是密切相连的。政治学强调的是社会经济发展，而生态伦理强调的是环境保护，只有把两者结合起来才能实现其自身的目标。①

对生态伦理的经济学研究。由于生态伦理所包含的意义与经济发展所体现的目标具有一致性，因此，将生态伦理纳入经济学的研究范畴不仅具有理论意义还具有现实价值。②

哲学中也涉及生态伦理的研究。当代大学的生态伦理教育具有必要性和重要性，而马克思主义生态伦理作为生态伦理的理论基础，既要求我们尊重自然规律，顺应自然的发展态势，又要求我们积极发挥主观能动性，运用科学技术手段，减少对自然的攫取和破坏。因此，开展对大学生的生态伦理教育势在必行。③

社会学中同样有关于生态伦理的研究。少数民族习惯法凸显了生态伦理的重要内容，如有对森林、动物、居住环境进行保护的规范文本，这不仅有助于保护生态环境，还体现少数民族对于人与自然的和谐关系有着清醒的认识。④

美学中也有生态伦理内容的研究。无论是生态伦理的概念还是生态伦理的应用范畴，都是根据语境的不断转换而变换不同的阐释方向的。比如对于风景园林设计来讲，其内涵是指传

---

① 参见余谋昌：《环境保护就是政治——呼喊政治生态伦理》，《环境》1999年第10期。

② 参见郭震洪、王伟：《从伦理经济试论对生态伦理的经济研究》，《特区经济》2006年第10期。

③ 参见李航：《马克思主义生态观视域下大学生生态伦理教育》，《吉林工程技术师范学院学报》2018年第1期。

④ 参见龙正荣：《贵州黔东南苗族习惯法的生态伦理意蕴》，《贵州民族学院学报（哲学社会科学版）》2011年第1期。

统范畴的狭义的生态伦理学，在实践中我们要进行两个方面的探索：其一是关于拓展生态设计人文维度的，其二是关于松动人与自然物二元对立模型的。[①] 设计学中关于生态伦理的研究也是美学研究的重要组成部分。生态危机是人类面临的重大问题，设计学有义务为保护生态环境尽一份力，我们不仅要在课堂中普及尊重自然，不断促进人与自然和谐相处的生态理念，我们的设计人才更应该在实践中，在具体的设计中体现生态伦理的重要思想，提高我们的环保意识。[②]

目前，学界分别从政治学、经济学、哲学、社会学、美学等学科领域对生态伦理进行了研究，这种跨学科性质的研究能让我们更深入地了解生态伦理思想，也为我们对其进一步深入研究奠定了基础。

第二节　畲族文化研究综述

一、畲族文化研究现状

畲族是散居在汉族地区的山区少数民族，已历经了千年的历

---

① 参见许愿、主育帆：《风景园林学视野下生态伦理的应用范畴辨析》，《中国园林》2020 年第 1 期。
② 胡兮、邓菲洁：《增强设计学科人才生态伦理教育的研究》，《艺术与设计（理论）》2018 年第 7 期。

史发展，人口数量成为华东地区少数民族之首，同时，畲族的文化特色亦鲜明多彩。早在清代末期就有一些学者走访畲族地区，对其进行调查、研究；新中国成立后，对畲族地区的研究达到了鼎盛。而专门对畲族文化的研究则在 20 世纪 90 年代以后才开始慢慢地增多，对畲族文化的研究主要表现在物质文化、民间文化、社会文化、信仰文化等方面。

（一）对畲族生产、饮食、服饰①、居住习俗②、风物特产③、历史遗迹④等物质文化的研究

畲族的生产习俗在漫长的历史长河中，始终处于不断的变化之中，经历了农业生产、狩猎、采集、手工业等不同的生产习俗变革，而这与畲族所在地的气候变化和人地关系变化密切相关。⑤畲族的饮食习俗在不同的历史时期有所不同，丰富多彩。无论是食俗的变迁、茶俗的变迁，抑或是酒俗的变迁，都与畲族信仰、生活环境、生产方式等方面的改变有关。⑥畲族的服饰在一定程度上反映了畲族在生活环境、生产方式、信仰和审美方面的特色。在服装方面有以凤凰装为代表的妇女服装，在发式方面有凤凰髻、龙船髻等，同时在头饰上还有头旁、冠帽头

① 钟伯清：《中国畲族》，宁夏人民出版社 2012 年版，第 46 页。
② 刘杰：《从福安古代建筑遗存看境内畲族居住建筑的类型及演变》，《文物建筑》2018 年第 1 期。
③ 钟伯清：《中国畲族》，宁夏人民出版社 2012 年版，第 56 页。
④ 钟伯清：《中国畲族》，宁夏人民出版社 2012 年版，第 59 页。
⑤ 参见陈鸣、匡耀求、黄宁生：《从气候变化与人地关系演变看畲族生产习俗的变革》，《中国人口·资源与环境》2010 年第 2 期。
⑥ 参见梅松华：《浙江景宁畲族饮食习俗变迁及原因探析》，《非物质文化遗产研究集刊》2010 年第 1 期，第 306—317 页。

巾等不同的装饰。[①]关于畲族的居住习俗，以畲族古代建筑遗存为模型，来探究当地畲族居民所居住的建筑类型，大致可以看出有三种，即茅棚、竹寮和学习汉族所建的畲族宅第，这反映了畲族居住习俗既有畲族传统的成分，又有受汉族影响的成分。[②]畲族的风物特产十分丰富，其中以茶叶、竹笋、食用菌，还有处在亚热带气候区里的水果较为闻名。同时，畲族拥有诸多历史遗迹，主要包括潮汕市的凤凰山古墓、云霄县的五通庙、景宁县的惠明寺、漳州市的蓝理牌楼、漳浦县的蓝廷珍府第、端云村的端云寺、南岭畲村的赤竹溪庵、霞浦县水门畲族乡的观音亭等。

从现有的研究可以看出，对畲族物质文化的研究已涉及畲族的衣、食、住等相关习俗，通过对其生产习俗、饮食文化、服饰文化、居住环境、风物特产以及历史遗迹的研究，我们可以更好地了解畲族的物质文化。然而，现有研究中几乎没有涉及交通习俗的研究。

（二）对畲族民间教育、医药、文学艺术、非物质文化遗产等民间文化的研究

畲族在很长的历史时期内与汉族杂居相处，随着其与汉族的交往，在文化上也形成了你中有我、我中有你的交融现象。然而，畲族特有的民族文化并没有因这种交融而消失，畲族的民

①　参见钟伯清：《中国畲族》，宁夏人民出版社2012年版，第46—50页。
②　参见刘杰：《从福安古代建筑遗存看境内畲族居住建筑的类型及演变》，《文物建筑》2018年第1期。

间文化仍具有浓郁的民族特色。学者们对畲族民间文化的研究主要集中在以下几个方面：

1.畲族家庭、社区、私塾等民族教育研究

尽管畲族的学校教育、正规教育有了一定的发展，但是畲族民间教育的作用仍不能忽视。钟伯清在《中国畲族》一书中指出，虽然畲族的学校教育一度落后，但是并不代表其没有教育，畲族文化之所以能够代代相传，很大程度上取决于畲族的民间教育，即家庭教育、社区教育、私塾教育的重要功劳。从婴儿出生时的牙牙学语，到七八岁时的手工编织、家务农活，再到民间故事讲述等，无不是言传身教、启发教育、循循善诱的家庭教育的体现。同时，宗教与宗教活动、学歌与盘歌活动、节庆期间的戏曲演出等又体现了畲族形式多样的社区教育。当然畲族的民间教育还体现在私塾教育上，不过由于贫困、交通不便、资金短缺等，畲族私塾教育质量有限。[①]此外，人们为了改变生活现状，出现了很多人在城市务工的现象，这就导致许多孩子不在父母身边，成为留守儿童，也就无法接受言传身教的家庭教育，畲族人民亦然。因此，畲族的家庭教育作用正在逐渐弱化。与家庭教育一样，畲族的社区教育也同样面临着困境。[②]

[①] 参见钟伯清：《中国畲族》，宁夏人民出版社 2012 年版，第 66—70 页。

[②] 参见郭少榕、刘东：《民族文化、教育传承与文化创新——关于闽东畲族文化的传承现状与思考》，载《福建省畲族文化学术研讨会论文集》，2016 年。

2.畲族民间医药的研究

畲族的民间医药具有鲜明的民族特色，它是在长期的历史实践中得以形成的，主要特点是以预防为主、寒热辨证、内外兼治、食疗为先。同时，还包括用药少、易取材、成本便宜、效果显著等特征。[①]畲族医生对人体的疾病有自己的看法和观点，同时将疾病分为不同的种类，在用药时往往以"寒者热之，热者寒之"作为重要依据，而药品则是植物成分的天然鲜品。[②]鄢连和、雷后兴、吴婷等在《浙江畲族民间用药特点研究》一文中指出，由于浙江畲族是比较落后的民族，其治疗疾病的方法通常是自己探究出来的，是比较传统的土方法，所使用的医药亦是成本比较低的草药系列，但其仍有自己的一套体系，药方大概有一千多张，药品大概有一千六百多种。[③]

3.畲族民间文学、艺术研究

畲族民间文学不仅反映了不同时期畲族人民的生产、生活，而且也反映了畲族的政治、历史和经济发展，因此要注重畲族民间文学。具体来讲，畲族民间文学主要包括民间歌谣、民间故事、民间传说、神话、叙事诗、史诗六大类。[④]然而，畲族民间文学正面临着不断消失的发展趋势，作为畲族文化的重要

---

① 参见宋纬文、刘桂康:《三明畲族民间医药的特点》,《福建中医药》2002年第1期。
② 参见林恩燕、王和鸣:《福建民族民间医药概述》,《中国民族医药杂志》2000年第1期。
③ 参见鄢连和、雷后兴、吴婷、徐美华、蓝奕斐:《浙江畲族民间用药特点研究》,《中国民族医药杂志》2007年第6期。
④ 参见邱国珍:《浙江畲族史》,杭州出版社2010年版,第120页。

组成部分，我们有积极搜集和保护畲族民间文学的义务。[①] 畲族的民间文学作品是在畲族长期的历史发展中形成的，其价值不可忽视，这些民间文学作品既是我们了解畲族历史的重要资料，也是中华民族不可或缺的文化瑰宝。具体来讲，畲族民间文学作品价值主要表现为：一是文艺价值，它对畲族音乐、舞蹈等其他文艺形式有重要的借鉴价值；二是实用价值，它对畲族人民释放社会不公的压力、鼓励畲族人民积极面对生活、对畲族人民的历史再教育以及提高其娱乐审美价值有重要意义；三是科学价值，它对我们进一步研究畲族的历史、哲学、美学等方面具有重要的参考价值。[②] 邱国珍在《畲族民间艺术论述》一文中指出，畲族民间艺术具有重要的历史、文化底蕴，它们是勤劳的畲族人民在长期的生产和生活实践中累积起来的本民族印记，通常以民歌、舞蹈、工艺美术等形式展现。对其加以研究，对于挖掘畲族文化具有重要的历史意义和现实意义。[③] 同时，畲族民间文学艺术不仅具有文化意义，是反映本民族信仰、传说等的重要载体，而且还具有重要的经济意义，很多畲族人民的手工艺是为了赚钱，维持生计。[④]

---

① 参见雷土根：《略论畲族民间文学的发展趋势》，《浙江师范学院学报（社会科学版）》1983 年第 1 期。
② 参见安尊华：《论贵州畲族民间文学的价值》，《贵州民族大学学报（哲学社会科学版）》2014 年第 3 期。
③ 参见邱国珍：《畲族民间艺术论述》，《温州职业技术学院学报》2014 年第 1 期。
④ 参见邱国珍：《温州畲族民间艺术及其文化透视》，《温州职业技术学院学报》2016 年第 3 期。

4. 畲族非物质文化遗产研究

畲族的非物质文化遗产十分丰富，其中涉及语言、服饰、民间文学作品、民族风俗等等。尽管国内外都十分重视非物质文化遗产保护，并出台了相关的法律、法规和公约，然而，景宁畲族非物质文化遗产保护依旧面临着困境。为此，我们要不断地完善畲族非物质文化遗产的法律保护措施。[①] 畲族非物质文化遗产的保护与传承具有重要意义，这不仅是对畲族文化的保护，更是对我国非物质文化遗产的保护。因此，我们必须厘清保护的现状，找出其存在的问题，并在此基础上提出具体的对策，以便更好地保护畲族非物质文化遗产。面对畲族非物质文化遗产存在的文化传承人断裂、传承人队伍不合理、保护的数目少、保护的种类不齐全、数字化保护不力等问题，我们应该积极推行培养畲族非遗传承人、加大非遗申报通过率、加强非遗数字化建设等措施。[②] 董鸿安、丁镭指出，畲族农村非物质文化遗产所面临的消失、泯灭、失传、缺乏传承人等问题十分严重，为了加强对其的保护，我们可以通过产业融合的方式来促进对其更好的开发与保护。[③] 同时，畲族也同样面临着民间歌曲消亡，舞蹈、服饰、武术、美术、医药失传等危险，因此，我们必须

[①] 参见洪伟：《畲族非物质文化遗产法律保护研究——以浙江景宁畲族自治县为考察对象》，《浙江社会科学》2009 年第 11 期。

[②] 参见雷宝燕、石晓岚：《福建畲族非物质文化遗产保护传承研究》，《遗产与保护研究》2018 年第 10 期。

[③] 参见董鸿安、丁镭：《基于产业融合视角的少数民族农村非物质文化遗产旅游开发与保护研究——以景宁畲族县为例》，《中国农业资源与区划》2019 年第 2 期。

加强保护，遵循抢救先行、保护为主的原则，完善非遗保护基本法，建立产业链，采用数字化保护等措施。[①]

（三）对畲族传统社会组织、礼仪、婚姻习俗、丧葬习俗、节庆习俗等社会文化的研究

畲族与汉族长期杂居相处，致使畲族的社会文化与汉族的社会文化有很多相似之处，然而依然有很多方面体现民族特色的社会文化，现有的研究主要集中于以下几项：

1. 具有浓厚宗族与血缘意识的传统社会组织研究

畲族的社会文化首先表现在传统的社会组织上。畲族传统社会组织主要包括三项：其一是供奉祖先的建筑和具有共同祖先的宗族群体，即祠堂；其二是在祠堂之下，按照血缘的亲疏而设立的房的组织，也称为房或者宗房；其三是在畲族聚居的地区设有保护山林的禁山会和以修路为宗旨的路会，这两个社会组织都是民间性的社会组织。[②]而目前关于畲族传统社会组织的研究主要体现在对祠堂的研究上。蓝炯熹、赖艳华和林锦屏在《福安市穆云畲族乡民俗调查》一文中，介绍了穆云畲族建祠堂、修宗谱的具体情况。祠堂反映了畲族特有的历史渊源和文化底蕴，是对家族威严的尊重与保护，也是促进家族团结友爱，共同发展的重要基石。[③]畲族祠堂是以姓氏为单位建立的血缘组织，通常是以族长为尊，由其组织和主持祭祀等活动，同时族

---

① 参见丁华：《畲族非物质文化遗产保护分析》，《中国民族博览》2019 年第 10 期。

② 参见钟伯清：《中国畲族》，宁夏人民出版社 2012 年版，第 114—117 页。

③ 参见蓝炯熹、赖艳华、林锦屏：《福安市穆云畲族乡民俗调查》，《宁德师范学院学报（哲学社会科学版）》2014 年第 3 期。

长还具有审判权。① 由于畲族生活在比较贫困的地方，经济条件十分有限，因此修建的祠堂的数量与汉族相比是比较少的。很多时候都是几个村子同姓同宗的人群共用一个祠堂，以此来祭祀祖先。②

2. 畲族的家庭礼仪和交往礼仪研究

与传统社会男尊女卑的思想不同，畲族家庭提倡男女平等，这在畲族社会地位、家产分配、社会分工上都有所体现。在人际交往中，畲族人民也是非常的热情好客，这样的古朴民风不仅体现在家庭中，也体现在社会人际交往中。③ 在畲族文化中所体现的崇拜女性祖先、神灵和智慧的精神，彰显了畲族拥有男女平等的思想，也反映了畲族女性有较高的家庭和社会地位。④ 钟伯清在《中国畲族》一书中提到，畲族家庭为一夫一妻制，家庭活动由男女共同分工，妇女的家庭地位普遍比汉族要高，同时，舅父在畲族家庭中享有特殊地位。而在社会交往中，畲族也非常注重细节和相应的礼仪，主要表现为尊老爱幼、热情好客。⑤ 畲族中男女平等的家庭和社会地位还主要表现在：畲族女子在出生时有登记姓名的权利；凡是有登记姓名的，无论

---

① 参见徐杰舜、钟中：《畲族原始社会残余浅探》，《福建论坛（文史哲版）》1986 年第 1 期。
② 参见许旭尧：《畲族的祠堂、郡望、排行字与名讳》，《图书馆研究与工作》2003 年第 1 期。
③ 参见陈圣刚：《关于畲族社会传统伦理道德的文化解读》，《黑龙江民族丛刊》2013 年第 1 期。
④ 参见肖来付：《畲族传统文化中的女性崇拜意识及其文化社会学解读》，载《福建省畲族文化学术研讨会论文集》，2016 年。
⑤ 参见钟伯清：《中国畲族》，宁夏人民出版社 2012 年版，第 120—121 页。

男女都可以参加族内的祭祀活动；女子也可以按辈分进行排行；女子的葬礼和葬俗同男子一样；等等。

3.畲族的婚姻习俗的研究

畲族的婚姻文化随着民族的形成和发展而不断丰富起来，其形成不仅与畲族的自然环境、落后的经济情况、鲜明的民族意识及宗教信仰等密切相关，还具有特别明显的母权制特征。畲族在婚姻形态上，主要表现为一夫一妻制；在婚姻习俗上，通常舅舅具有极高的权威性，女子可以招男子入赘，丈夫从妻子居住等习俗。[①] 同时，畲族的婚姻观念还表现在畲族的创世说、小说和诗歌中。创世说中有兄妹成婚的记载，在节日中有以歌做媒、通过对歌定情的节日择配等观念。[②] 余厚洪在《清代至民国时期浙江畲族婚契探析》一文中，以浙江畲族世代流传下来的婚契文书为蓝本，重点考察了清代到民国时期浙江畲族的婚姻形态和婚俗用语。通过仔细研究，我们可以看出畲族的婚姻形态十分多彩有趣，不仅反映了其对美好婚姻生活的追求和向往，也反映了畲族特有的民族文化和民族秉性。同时，畲族的婚姻习俗并不是一成不变的，畲族经历了由族内婚到族外婚、包办婚到自由婚、寡妇可以招夫、兼顾双方父母、重视女性的家庭地位等变迁。[③] 需要指出的是，族内婚是畲族一种十分常见

---

① 参见谭静怡：《婚嫁仪式与族群记忆——关于畲瑶传统婚姻文化历史流变的再思考》，《温州大学学报（社会科学版）》2016年第6期。

② 参见谭静怡：《婚嫁仪式与文化印记——畲瑶传统婚姻文化的历史比较分析》，《石河子大学学报（哲学社会科学版）》2014年第1期。

③ 参见余厚洪：《清代至民国时期浙江畲族婚契探析》，《档案管理》2016年第4期。

的婚姻习俗，它其实并非原始和落后，只是我国民族多样性的一种表现形式。其形成与畲族的生活环境、阶级社会、文化观念休戚相关。[①] 目前，尽管畲族传统婚姻中的婚俗、婚礼仪式、婚姻观念等还有遗留，但是内涵已经发生转变：以前畲族女子结婚用凤冠银帘掩面是为了体现女子的害羞以及畲族血缘婚的耻辱感，而如今同样的装扮却是为了展现美；以前畲族女子成婚，觉得是要离开家，心情悲痛万分，会哭得很伤心，而如今认为是姑娘长大成人的体现，成家立业，是高兴事，即使哭也是假哭，以增加婚礼的热闹。[②] 其实，在畲族婚姻文化中，既有自由恋爱、男女平等、较少性别偏好等闪光的精华之处，也有过早结婚等落后的成分在。当然还具有婚礼简单、文明、浪漫，婚姻形式灵活多样，男性未婚比例大，等等特点。而这些都深受畲族传统文化、生活环境、妇女的家庭和社会地位的影响。[③]

4. 畲族丧葬习俗的研究

畲族的丧葬习俗是随着民族发展、民族迁徙而不断演化的，并非是一成不变的。它在畲族人民的生活中是非常重要和庄重的仪式之一，对畲族人民有重要的凝聚作用，对畲族文化的发展与传承具有重要的功能。具体而言，畲族的丧葬习俗主要经历了从最古老的岩葬到由佛教传入的火葬再到传统的拾骨葬的

---

① 参见蓝斌：《畲族族内婚原因分析》，《兰台世界》2006 年第 6 期。
② 参见雷弯山：《原始婚姻文化在畲族中的遗留与内涵的转换》，《中共福建省委党校学报》2002 年第 3 期。
③ 参见徐丽雅：《论畲族婚育文化的特点、成因及借鉴》，《人口与经济》2000 年第 2 期。

演变。① 其中，音声是畲族丧葬仪式中重要的组成部分，是其生态环境的缩影，也是其文化内涵的典型代表。畲族丧葬仪式音声的主要特征表现为节奏平稳，以体现哀思，同时，表演者会根据和亡人不同的关系、不同的歌曲而进行即兴变化。② 另外，在畲族的长篇叙事诗中也有关于丧葬习俗的印记。王星虎在《丧葬仪式与神圣叙事》一文中，以畲族的长篇叙事诗为例，再现了畲族的丧葬仪式。一方面在丧葬仪式中，歌师以形式多样的演述手法，仿佛在天堂、冥界穿梭，为亡人招魂，引路，并与现场的听众进行互动；另一方面，丧葬仪式中歌师灵活巧妙的演述，又丰富了长篇叙事诗的内容，使其能够世代流传，从而传播了民族文化知识，丰富了畲族文化的内容。③

5. 畲族节庆习俗的研究

畲族的节庆习俗正随着社会的变迁而不断的演化，虽仍具有传统意义，但是在如今社会环境的变化下，又被赋予了新的内涵，尤其在旅游经济的发展要求下，畲族的节庆习俗具有了民族特性和经济特性的双重功能。畲族三月三是比较典型的节庆，从其内涵、节庆的具体内容以及节庆中参与主体的不断变迁中，可以反观畲族的传统文化正与时代相结合，不断创新发展，也

---

① 参见谭振华、施强：《畲族丧葬习俗演变初探》，《丽水学院学报》2014 年第 6 期。
② 参见罗俊毅：《畲族丧葬仪式的音声研究》，《音乐研究》2012 年第 2 期。
③ 参见王星虎：《丧葬仪式与神圣叙事——论畲族（东家人）史诗〈开路经〉的活态演述传统》，《西北民族大学学报（哲学社会科学版）》2019 年第 5 期。

有利于传承和保护民族文化。[1] 有学者指出，尽管三月三是畲族的传统节庆习俗，然而在如今经济大发展的冲击下，其保护与传承依旧出现了困境。要使传统节庆习俗符合现代化发展进程，最重要的就是转变发展模式，使其与当地的旅游开发相结合，这样既能促进其经济发展，又能使畲族节日习俗实现可持续发展，从而达到双赢局面。[2] 畲族节庆习俗的变迁是一个必然的过程，可是这种变迁不单单是不同时代背景下所谓新与旧的交替。我们所要考察的是这种变迁的动力是什么？如果已经发生了变迁，那么在这个过程中我们应该如何构建文化依据？同时，面对节庆习俗的变迁，我们如何能够将民族认同融入其中？[3]

畲族的社会文化，还包括亲属称谓、诞生的习俗、取名的习俗、禁忌等等，然而在现有的研究中，却几乎没有涉及这几个方面。畲族的这些社会文化也在彰显其鲜明的民族特色和畲族深层的群体记忆，对其进行深入研究同样具有重要的意义。

（四）对畲族信仰文化的研究

畲族的信仰文化丰富多彩，复杂多样，俨然已经形成了具有自身民族特色的文化体系。这一体系主要涉及对多神和祖先的

---

① 参见邱云美：《旅游经济影响下传统民族节庆变迁研究——以浙江景宁畲族"三月三"为例》，《黑龙江民族丛刊》2014 年第 5 期。

② 参见谢新丽、吕群超、谢新暎、郑立文：《基于旅游节庆开发的传统民俗文化现代化研究——以宁德市上金贝村"三月三"赛歌会为例》，《福建农林大学学报（哲学社会科学版）》2012 年第 2 期。

③ 参见马威：《嵌入理论视野下的民俗节庆变迁——以浙江省景宁畲族自治县"中国畲乡三月三"为例》，《西南民族大学学报（人文社会科学版）》2010 年第 2 期。

崇拜，佛教、基督教、道教等制度性宗教的信仰，各种形式的宗教活动，日常生活和生活故事中所反映的哲学思想，民间的各种预测和占卜，以及畲族的族徽和标志，等等。而目前学界对信仰文化的研究主要集中在宗教信仰上。

畲族的宗教信仰多种多样，既包括制度性的宗教信仰，又包括民间的宗教信仰。其中畲族民间宗教信仰中的自然崇拜与畲族的生态经济伦理密切相关。自然崇拜中所倡导的对土地、森林、动植物等自然万物的敬畏、尊重和保护体现了重要的生态伦理思想，对其进行挖掘和研究对于如今的环境保护具有重要的现实意义。[①] 畲族传统的宗教信仰主要包括自然崇拜和祖先崇拜，而以血缘来维系的祖先崇拜是宗教信仰的核心，其一度对其他宗教有排斥，然而与外来的基督教却能共同存在并和谐发展。这一方面是因为现代文化对畲族家庭的冲击，使原来重视祖先的畲族大家庭逐渐演变成重视夫妻成员的小家庭，尤其是很多年轻人受到了新的教育，能够在祖先和上帝之间自由选择该信仰谁。另一方面，由于畲族男女平等观念的盛行，与基督教的教义有不谋而合的地方，因此基督教能够很好地为当地人所接受。同时，祖先崇拜活动往往是当地男子比较热衷，而远嫁而来的女性如何能有精神上的寄托呢，信仰基督教就成了她

---

① 参见袁泽锐：《畲族宗教信仰视阈中的生态经济伦理探析》,《丽水学院学报》2017年第 4 期。

们排解忧愁、寄托精神的重要方式。① 马晓华在《从祖图看畲族的宗教信仰》一文中，以一幅祖图为蓝本，来观看畲族的宗教信仰。从祖图上可以判定，畲族的宗教信仰复杂多样，不仅包括凤凰崇拜，还包括佛教、道教信仰。由此可见，畲族的宗教信仰具有很强的包容性。②

二、畲族生态伦理研究

由于我国的畲族人民是居住在山区的少数民族群体，面对如此脆弱、严峻的气候条件和自然环境，加之其生活之地自然资源的短缺，那么，如何能够在这样的环境中好好地生存和发展下去，是首先要考虑的问题。这就必然涉及畲族人民如何处理与所处自然环境之间的关系，而畲族生态伦理就是围绕这一关系展开的。

（一）畲族生态伦理的研究现状

尽管我国关于生态伦理研究取得的成果是可喜的，但是其中涉及少数民族生态伦理的研究却并不多，更不用说专门的关于畲族生态伦理的研究了。目前，学界关于专门研究畲族生态伦理的内容几乎为空白，一些涉及畲族生态伦理内容的研究基本都是从侧面与之相关联的。一方面，在民族学、社会学等领域

---

① 参见陈铭：《论畲族宗教信仰与基督教的共存与发展——广东畲族乡上、下蓝村宗教信仰田野调查研究》，《广东技术师范学院学报（社会科学）》2010年第2期。
② 参见马晓华：《从祖图看畲族的宗教信仰》，《中国宗教》2007年第3期。

内对畲族的研究会或多或少触及畲族生态伦理的内容。另一方面在研究与畲族生态伦理密切相关的畲族文化中会涉及对畲族生态伦理的研究。从民族学、社会学等领域的研究中，我们可以从侧面了解畲族生态伦理的内涵。从关于畲族各种风俗习惯、民间文学艺术、宗教信仰、哲学思想等传统文化的研究中，我们可以探究畲族生态伦理的重要内容。

1. 民族学、社会学领域研究中的畲族生态伦理思想

在民族学和社会学领域内有一些涉及畲族生态伦理思想内涵的研究，其中在描写畲族民族风俗人情的著作中就有关于畲族生态伦理的内容。施联朱的《畲族风俗志》[①]和郭志超的《畲族文化述论》[②]中就有关于畲族生态伦理的内容，其研究从侧面反映了畲族生态伦理的思想内涵。施联朱《畲族风俗志》一书中充分展现了畲族的生态伦理思想，畲族的生态伦理不仅表现为畲族人民在衣着上崇尚简朴，所选用的材料较为便宜，而且在饮食上也崇尚简单，吃食多以杂粮为主，饮食相对来说比较节制，往往只求填饱，杜绝奢靡与浪费。同样地，郭志超《畲族文化论述》一书中也反映了畲族生态伦理思想的内涵。书中关于畲族人民将自己称为山林中的客人以及对于畲族村落的布局、房屋的建造、传统服饰、民间音乐、民间舞蹈等的描写，无不展现了一幅活色生香的生态伦理画卷。

---

① 施联朱：《畲族风俗志》，中央民族学院出版社 1989 年版。
② 郭志超：《畲族文化述论》，中国社会科学出版社 2009 年版。

2.畲族家族伦理、经济伦理研究中的畲族生态伦理

关于畲族家族伦理、经济伦理研究中的畲族生态伦理思想，可以从蓝炯熹的《畲民家族文化》一书中有所了解，书中的相关内容从侧面反映了畲族生态伦理的重要思想。尤其在论述畲民家族伦理这章内容时，作者认为畲族的游耕是影响畲民家族伦理道德形成的根本性因素之一，因此，大笔幅描写了畲族的农耕文化，而畲族的农耕文化所体现的生态伦理思想是毋庸置疑的。同时，在论述"畲民家族的风水和村落布局"一章时同样反映了畲族的生态伦理意蕴，其中关于畲民家族风水观念和其在村落上的布局的描述，向我们展示了畲族生态伦理思想的重要内涵。尽管这本著作是研究畲族家族伦理的，但是其从宗教、建筑、风水等角度切入，无不反映了畲族生态伦理面貌。[①]王逍的《走向市场——一个浙南畲族村落的经济变迁图像》一书，虽然是从经济伦理的角度描写畲族某个村落的经济变迁，但是其中论述的关于种茶、种豆、种番薯等畲族文化习惯，以及畲族人民重视农耕、勤劳淳朴的个性，也从侧面反映了畲族生态伦理思想。[②]

3.畲族饮食、建筑等生活实践中的生态伦理

由于畲族人民身处山林之中，生产方式以农耕、狩猎、采集为主，因此，畲族的饮食也反映了其所处的地理环境和享有的

---

① 参见蓝炯熹：《畲民家族文化》，福建人民出版社 2002 年版，第 78 页。
② 参见王逍：《走向市场——一个浙南畲族村落的经济变迁图像》，中国社会科学出版社 2010 年版。

环境资源，具有浓厚的山林特色。鉴于这样脆弱的自然环境和贫瘠的自然资源，畲族人民的饮食相对来讲是比较简陋的。其饮食主要包括：主食类的大米、糯米、番薯等；菜肴类的自种蔬菜、腌菜等；传统食品中的乌米饭、包罗糊等。①一方面，畲族人民十分了解其所处的生存环境，面对因土地贫瘠、环境恶劣等现状而带来的低农业产出，畲族人民就必须控制自己的饮食需求。只有控制好自己的饮食欲望，不向大自然过度索取，才能更好地保护生存环境，使所处的山林环境能够保持可持续发展，继而使自身能够生存和发展。另一方面，我们知道，所有食物的原材料都是来自大自然，大自然的养分决定其数量和质量，之后，这些原材料经过人类的加工变为人类充饥饱腹的食物。那么，我们的饮食首先所体现的便是人与自然的关系，而畲族的饮食习俗背后所彰显的就是其对于人与自然关系的认知，亦即其对生态伦理的解读。梅松华的《畲族饮食道德文化元素探析》也提到畲族人民十分钟情于山货，并将山货文化作为畲族饮食文化之一，同时，又将畲族的山货文化引申为畲族的大山文化，这种文化背后所包含的是畲族人民热爱自然的生态伦理思想。②

对于畲族的建筑而言，一方面其与畲族的饮食一样，由于生活贫乏、物资短缺，它一般建造得比较简陋。畲族的民居比较

---

① 参见钟伯清：《中国畲族》，宁夏人民出版社 2012 年版，第 40 页。
② 参见梅松华：《畲族饮食道德文化元素探析》，《前沿》2011 年第 6 期。

常见的是原料易得、易拆易建的临时性建筑，即茅寮。[①] 这种用材简陋的民居居住起来并不舒适，但是反映了畲族人民与大自然的和平相处。另一方面，从其建筑的布局上可以看出其与自然相处的和谐之美。这表现在畲族在建造民居时选择将其散布于山腰间，既考虑到可以相互联系并可以自由活动的社会体制，又考虑到如此便可以更好地保护环境，搞好绿化。同时，还表现在畲族人民对阳光和水源的充分利用，只有在半山腰建造房屋才能够充分地享受阳光，才能够积蓄山水，更好地灌溉农田。当然，这样的居住地也有很好的视野，畲民从而能更好地关照农田。因此，从畲族的建筑中，我们依旧可以延伸出畲族生态伦理中人与自然和谐关系的重要内容。另外，有学者描述了畲族房屋建造、房屋装饰和村落布局，并且还强调了畲族人民的风水观念，这些内容无不彰显了畲族的生态伦理意识。[②]

4. 畲族山歌、舞蹈等文学艺术中的生态伦理

生态伦理与文学艺术并不是分裂开来的，而是彼此相互联系的。畲族山歌、舞蹈等传统文化所体现的不仅仅是畲族人民的情趣、娱乐与审美，所反映的也是畲族人民对生命、对大自然的尊敬与热爱。畲族的山歌既是生活的真实写照，又是情感和精神的寄托，因此，畲族山歌的内容十分丰富。丰富多样的畲族山歌中有反映畲族人民生活困苦，受歧视受压迫而抒发内

---

① 参见钟伯清：《中国畲族》，宁夏人民出版社 2012 年版，第 51 页。
② 参见汪梅：《人与自然的完美演绎——记景宁畲族住宅建筑的特色》，《浙江工艺美术》2006 年第 2 期。

心悲苦的诉苦歌，有表现整个劳动辛苦的劳动歌，有根据不同礼仪活动而传唱的礼俗歌，有反映真挚爱情的情歌，有生动活泼的儿歌，等等。畬族山歌赋予了山生命，将其与人融为一体，体现了人与生态之间的和谐、融洽之美。畬族的舞蹈不仅表达了畬族人民对神、祖先的崇敬，也表达了其对大自然的崇敬。一方面，畬族舞蹈与畬族的宗教、祭祀、图腾礼仪紧密相连，其虽然是一种独立的艺术，但是与这些礼仪长期共存。① 另一方面，畬族很多舞蹈是在生产劳动过程中创作出来的，反映了畬族的山地文化特征。② 通过各种类型的畬族舞蹈，我们可以看出畬族人民正是通过舞蹈作为与神、祖先和大自然沟通的桥梁，并由此表达对于它们的珍爱与敬意。

5. 畬族信仰文化中的生态伦理

畬族的信仰文化中包含了丰富的生态伦理意蕴，多元的信仰体系使畬族的生态伦理更加具有完整性和系统性。畬族的信仰文化中体现了敬畏自然、保护自然和关爱生命的重要内容，通过信仰文化承认自然环境的内在价值和权利，这也是构建畬族生态伦理的重要基础。畬族信仰文化中最为典型的龙麒崇拜就体现了生态伦理的重要意蕴。首先，龙麒传说中包含了不贪恋权贵，热爱山林的情怀，而畬族人民信仰龙麒亦体现了其钟情山林、回归自然的美好愿望。这种依附自然的农耕生活似乎成为畬族人民的祖训，而这样世代传承的畬族文化也直接体现了

---

① 参见雷弯山：《畬族风情》，福建人民出版社 2002 年版，第 89 页。
② 参见雷弯山：《畬族风情》，福建人民出版社 2002 年版，第 90 页。

畲族生态伦理的重要内容。其次，畲族的祖先和图腾崇拜中包括了对动物的关爱与保护的生态伦理思想。在畲族的狩猎时代，为了避免狩猎时受到猛兽袭击，猎犬就成为保护其生命的重要伙伴。经过畲族人民与猎犬长期以来的合作以及后世相关神话故事的演绎，不仅仅体现了畲族对动物和图腾的崇拜，更表现了其对动物的感恩、关爱和保护。而如何处理好人与动物的关系，则是畲族生态伦理要回答的重要命题。不仅如此，畲族几乎将自然界当作崇拜的对象。他们认为自然界中的山、水、树、石、农作物等都是有神灵的。如果好好地崇拜自然，那么就必将得到自然的庇护，而如果违抗自然，将会受到相应的惩罚。从畲族的信仰崇拜中，我们不难发现，畲族人民依循顺应自然的发展规律，从而能更好地依赖自然，并能实现与自然和谐相处的美好愿景。

6. 禁忌、乡规民约等习惯法中的生态伦理

如果说畲族的信仰文化是一种内在自律性地维护人与自然和谐关系的方式，那么，畲族禁忌、乡规民约等习惯法就是一种他律性地保护自然环境的重要手段，涉及了很多规范人与自然关系的生态伦理内容。

首先，畲族的自然禁忌中有保护动植物的相关内容。种植在畲族村口的风水树往往被赋予一种神圣的力量，要好好地将其保护起来，不得随意破坏和砍伐，如果不遵守这一禁忌将会受到相应的惩罚。畲族人民对待野生动物的态度也相当友好，除非为了生计或者野生动物对农作物造成了伤害，否则不会随意

猎杀。哪怕是自己送上门来的野生动物，畲族人民也认为是有灵性的，会选择将其放归山林。如果在不得已的情况下杀了不该杀的野生动物，会念类似"鲮鲤鲮鲤，前世欠我豆腐钱，今世带你回去做本钱"[①]的祷告词进行赎罪。尽管听起来有些牵强，但却反映了畲族人民尊重生命、爱护动物的生态伦理观念。其二，畲族的乡规民约等习惯法中亦有体现保护生态环境的重要内容。"畲民蓝日才、蓝日新、蓝日旺、蓝日星、蓝老九等向云和县衙度活，满望秋成收获糊口，不料自村中竟有无耻之徒不思耕作之苦辛，丧尽天良，将家养猪、牛、羊、鸡、鸭等禽畜，擅放田内践食，并无耻召留乞丐栖宿灰厂等况。云和县衙为保护畲民农作物不遭他人禽畜践损，特立'勒石永禁碑'"[②]，这一段就是畲族古代曾经刻在石碑上的体现生态伦理重要内容的乡规民约。而如今依旧有保护山林、农作物、野生动物等乡规民约等习惯法，这无疑对于自然环境和生态资源起到了积极的保护作用。

（二）畲族生态伦理研究的不足

通过对畲族生态伦理研究文献的梳理，可以看出目前学界的研究成果还比较欠缺，相关研究也不够详细，研究成果相对来说还是比较少，专门系统的研究可以说是空白。根据现有的相关研究，笔者以为畲族生态伦理的研究存在以下两方面问题。

---

① 钟伯清：《中国畲族》，宁夏人民出版社 2012 年版，第 175 页。
② 吕立汉：《丽水畲族古籍总目纲要》，民族出版社 2011 年版，第 99 页。

1. 畲族生态伦理在内容上缺乏专门系统的研究

学术界在畲族发展史与畲族文化的研究上取得了较多的成果，但在畲族伦理研究方面的成果则很少。资料检索表明，仅有极少数论著涉及畲族的家族伦理，关于畲族生态伦理的内容尚无专门、系统的研究，更没有从现代生态伦理学的学科意识与问题意识建构民族与地域特色的畲族生态伦理理论框架。当前，随着少数民族生态伦理研究成果的出现，我们应该借此契机，对畲族生态伦理进行系统的梳理与分析。同时，目前学界有大量关于畲族文化研究的成果，我们可以立足于这些重要的文献，并在实践考察中去了解畲族生态伦理的重要内容，去剖析发掘畲族的生态伦理智慧，从而使畲族生态伦理研究在内容上更加系统化、理论化。

2. 畲族生态伦理的研究方法多样性不够

目前，学术界对畲族生态伦理的研究往往局限于伦理学界，此种现状使畲族生态伦理研究缺乏足够的多学科、多视角、多层次支持。即使是在少数民族生态伦理研究中，也往往局限于维吾尔、土家、藏族等民族，而其他民族的生态伦理研究相对阙如。畲族生态伦理具有重要的内在价值，为了更好地挖掘其潜在价值，更好地保护畲族生态环境，我们必须要注重研究的多样性。运用不同学科知识、不同的视角对畲族生态伦理进行聚焦研究，我们不仅可以了解畲族千年来形成的宝贵的生态伦理思想，还可以为当下畲族生态环境保护、国家的生态文明建设提供重要借鉴。因此，对于畲族生态伦理研究，我们既要注重宏观总体的梳理，又要注重微观具体的分析，既要从历史的角度来把握其理论意蕴，又要从现实的角度来探究其发展方向。同时，我们要综合运用不同的学科知识，以期将哲学、生态学、民族学等知识植入畲族生态伦理的研究中，这样，畲族生态伦理的研究范围和研究层次将得以扩大和提升。

（三）专门系统研究畲族生态伦理的意义及研究内容

1. 专门系统研究畲族生态伦理的意义

对畲族生态伦理的研究既包括理论研究，又包括实践研究。从其研究视角来看它是交叉学科的新课题，对其进行研究对于丰富不同学科的内容有着重要意义。同时，对畲族生态伦理进行研究，对于当前生态文明建设、传统文化的保护以及乡村振兴等也具有重要的实践意义。

第一，畲族生态伦理研究，是对民族地区市场经济进程中日益严峻的生态危机做出的积极回应，对于解决当前生态环境所面临的重要问题有着重要的借鉴意义。同时，畲族生态伦理研究可以视为交叉领域的新课题，一方面，可以从伦理学、民族学、生态学等不同学科的视角出发，探寻解决生态危机的具体办法。另一方面，对畲族生态伦理进行研究，不仅拓宽了伦理学、生态学、民族学等的研究领域，而且对于丰富民族伦理学和生态伦理学的研究内容有着重要意义。

第二，畲族生态伦理研究，对于当前生态文明建设有着重要意义。在当前国家政治、经济、文化持续发展的良好态势下，我们也面临着生态环境危机。在习近平"五位一体"理念提出的背景下，生态文明建设被放在重要位置。只有解决好生态环境危机问题，同时处理好人与自然之间的关系，才能求得人类社会的进一步发展。那么，在现代社会中如何解决生态环境危机，构建生态伦理体系是其中重要的方式之一。畲族生态伦理是在漫长的历史发展过程中所形成的畲族的重要财富，虽然它还是零散的，没有形成一定的系统性，但是这种朴素的生态伦理思想早已在实践中证明其所具有的重要价值。畲族生态伦理不仅在人与自然的关系上有着清醒的认识，而且对于其他物种始终予以尊重。畲族生态伦理对自然持谦卑态度，认为保护好自然环境就是保护自己的生态伦理意蕴，这对于保护畲族地区的生态平衡有着重要意义。新时代背景下，生态文明建设已是党和国家关注的重要领域，而畲族生态伦理的观念与生态文明建设的观念不谋而合，因此，畲族生态伦理对于生态文明建设有着重要的借鉴意义。

第三，畲族生态伦理研究有利于传统文化的保护与传承。传统文化是中华民族的文化瑰宝，与国家兴衰、民族存亡密切相关。畲族的传统文化同样具有重要的价值，然而畲族在与汉族的长期交往中，其传统文化存在着被汉族主流文化冲击的现象。同时，我们在追求经济发展时，往往会忽略传统文化的重要性。因此，如何更好地保护和传承传统文化就变得尤为紧迫。畲族生态伦理虽然探讨的是人与自然的关系，但是它反映在畲族生活的各个领域，尤其是与畲族文化之间有着千丝万缕的联系。

通过对畲族生态伦理的研究，我们不但可以丰富人类文化生态伦理思想的智慧宝库，还可以详细探究畲族在文艺、建筑、饮食等方面与传统文化相关的特质和发展变化。如此一来，对畲族生态伦理的研究就起到了保护与传承畲族传统文化的重要作用，也对弘扬、繁荣和发展其他少数民族优秀传统文化起到了借鉴作用，并为推进传统文化的保护与传承提供新的动力和理论支持。

第四，畲族生态伦理研究，对乡村振兴有着重要意义。乡村振兴是新时代中国特色社会主义建设的重要部分，作为国家战略，是关系到国计民生和国家兴衰的重要命题，因此，新时代，我们必须要处理好三农问题，将乡村振兴战略好好落实。乡村振兴不仅关系到国家现代化经济体系的建设，还与传承中华民族优秀传统文化密切相关，同时，对于新时代美丽中国的建设、现代化社会的治理以及共同富裕的实现都有着重要意义。习近平强调，要进一步实现乡村产业振兴、人才振兴、文化振兴、生态振兴、组织振兴。而在实现乡村振兴的路径选择上，我们可通过城乡融合发展来带动乡村振兴，可以走共同富裕之路引领乡村建设，可以通过提高兴农质量促进乡村发展，可以走乡村绿色发展之路，等等。从习近平的乡村振兴战略思想中，我们可以领略关乎文化和生态的重要意蕴，与生态伦理理念休戚相关。而在实现乡村振兴的路径选择上，我们要走乡村绿色发展之路，必然会涉及处理好人与自然之间的关系，这无不关乎生态伦理思想。因此，畲族生态伦理研究对乡村振兴的实现有着重要意义。

2. 本书关于畲族生态伦理的研究内容

对于畲族生态伦理的研究内容，主要包括以下几个方面：

第一，本专著的导论部分，主要包括两方面内容。其一主要是梳理国内外关于生态伦理研究、畲族文化研究以及畲族生态伦理研究的重要文献。一方面，以国内外生态伦理的重要思想为指导，以畲族生态伦理研究已取得的成果为基础，从而为本专著的研究提供重要的启示和借鉴。另一方面，认真剖析当前畲族生态伦理研究的现状以及存在的不足，从而为本专著研究指出了重要方向。其二是厘清畲族生态伦理的概述问题，包括畲族生态伦理的概念、特点、形成与发展等问题，为后面的研究奠定基础。

第二，总结畲族的生态伦理观念，主要包括三个方面。其一是人与自然万物同源共祖观。畲族的这一生态伦理观念，在畲族的图腾崇拜和神话故事中有所体现。在畲族的图腾崇拜和神话故事中，往往把与自己日常生活息息相关的动物如青蛙和蛇都当作自己的亲人来对待。而在畲族文化中，畲族人民视自然中的万物为亲人和伙伴，形成了人与自然万物的亲和观念。这种人与自然万物之间的亲情与伙伴意识，成为畲族生态伦理观的有机组成部分。其二是对自然万物的感恩报德意识。畲族人民在生活中十分讲究感恩报德。在人与人的相处中，在不同家庭、不同宗族之间的交往中，畲族人民都有很强的感恩报德意识，同时，他们还将这种感恩报德意识拓展到人与自然万物之间。在畲族人民的内心里，对自然万物给他们的恩泽与帮助，从来不抱着天经地义的思想，而是始终充满着感恩的、图报的情怀，通过各种各样的方式加以表达。其三是保护自然的义务意识。畲族人民除了本身对自然万物有着尊敬和保护意识外，还对破坏自然的行为深恶痛绝，对于善待自然有着强烈的义务意识。畲族人民坚决认为破坏自然的行为是耻辱的，是一种恶行，并坚决同破坏自然的行为做斗争，直到取得最后的胜利。这种思想意识在畲族传统文化中有充分的展现，对进一步维系自然的完整、保持自然的稳定和美丽起到了十分重要的作用。

第三，从畲族人民对天地、火、山水、石头、树木、竹子等的敬畏，来剖析他们对大自然的敬畏之心。畲族人民在长期的历史实践中，已经深刻地认识到大自然与人类社会的关系应该是怎样的。只有对大自然充满敬畏之心，爱护大自然，才能有更好的发展。人类只不过是自然界中的一员，和自然界中的其他生物是一样的，都是由某种自然物长期演化而来。因此，对于自然界中天、地、山、水、树、石等物，畲族人民将其视为神的化身，予以崇拜。在多样的自然崇拜中，畲族人民最崇拜天，他们通常会在特殊的节日，通过摆放香炉和祭品进行祭天活动。畲族人民还认为土地与生命休戚相关，土地是孕育生命的母体，也就是说所有的生命都根植于土地，因此，畲族对土地非常崇拜，把土地视为神灵，祈求它造福乡里，保护农业。畲族人民在劳动过程中发现火可以用来刀耕火种、取暖、御兽、除虫等，有诸多功能，意识到火对人类生存的重要性。因而对火也十分崇拜。畲族人民对山的崇拜更是不用说，他们本身就身处大山之中，吃用都在山里，整个生产、生活都与大山密不可分。他们坚信其生产、生活所得都是山的神灵所给予的恩赐，这就引发了他们在崇拜山神的同时，形成了许多必须遵守的保护生态环境和自然资源的规定。由于畲族人民傍水而居，因而他们对水存在着敬畏之心，主要表现为对掌管水的神灵的崇拜，以祈求全年风调雨顺，保佑农作物获得丰收。畲族人民的居住环境中有着各种各样的石头，他们一方面赋予这些石头美丽动人的传说，另一方面又对其充满了感激和敬畏之情，因而加以崇拜。在畲族人民的历史发展过程中，植物，诸如树木和竹子，作为一种自然存在，给畲族人民的生产、生活提供了原料。畲族人民发挥自身的聪明才智，对这些原材料进行加工，形成了可以自用，又可以出售的生活用品和工艺品。由于物质资源的有限性，人们通过对植物的敬畏表现出了对美好生活的向往。

第四，通过畲族人民对家畜和野生动物的关爱，来探究其对动物的爱护和崇拜。由于畲族的生活环境比较恶劣，畲族人民长期从事狩猎业，这必然将其与动物紧密地联系在一起。在畲族人看来，动物是有灵性的，除非不得已的情况，否则不得随意猎杀动物。不管是家畜还是野生动物，都和人一样具有同等的"人格"。如在饲养的家畜中，猪、牛、狗等，畲族人民认为他们都有自己的思想和感情，把他们当作"家庭成员"予以关怀。同时，在对待凤凰、麻雀、燕子等鸟类，猫、蛇等动物也是持关爱的态度。即使是主动跑到畲族人家里的动物，他们也不会随意捕杀，因为在他们看来，如果有野生动物主动上门，证明其有高尚的品德，有慈爱之心。畲族人民对动物的关爱还表现在打猎的时候，禁止捕猎幼兽和怀孕母兽。假若错捕了幼兽和怀孕母兽，也会将它们放生，绝对不能吃，以免遭到大家的责骂。

　　第五，畲族的生态伦理意识不仅表现为对天地、动物、植物等自然万物的敬畏和关爱，还表现为在农业生产、狩猎生产、副业生产中合理地利用自然。在农业生产方面，不管是早期的刀耕火种，还是后来开垦的梯田，畲族人民都特别注重对自然的合理利用。早期的刀耕火种与轮歇抛荒并存，为了保持土壤的肥力，能有更好的收成，畲族人民还采用了农作物轮种、种树还山等方式，达到合理利用土地的目的。毋庸置疑，这些措施使得畲族的刀耕火种延续时间较长。后来畲族人民在丘陵地带开垦田地，把有水源的坡地开垦为"梯田"种植水稻。为了合理利用梯田，一方面畲族人民非常重视水利设施的建设，在每年农历三四月的某一天，畲族村落会组织兴修水坝、水沟。每户派一人，参加修水渠的人带锄头、畚箕、砍刀，将水渠旁边的杂草割掉，对倒塌的河渠路基、路面进行修砌和填平，以便疏通河渠。另一方面，畲族引进了先进的生产技术和方法，结合实践，发展出具有地方特色的水稻等农作物种植技术规范。畲族的这些措施对于农业生产中对自然的合理利用起到了重要作用。在狩猎生产方面，通过狩猎的对象、时间、工具、方法等方面的观察，我们可以看出畲族人民重视对自然的合理利用。

在副业生产中，畲族人民合理利用植物，采集野菜制作美味佳肴，采集中草药预防治疗疾病，采薪烧炭，用苎麻和靛蓝织布染色做衣服，用竹子编制竹制品，这些内容都充分反映了畲族在副业生产中对自然的合理利用。

第六，畲族生态伦理思想，在非正式制度中也有所反映，主要表现在对水资源、森林资源等保护自然的规约上。畲族对水资源的保护规约对保护生态环境起到了重要作用。广东潮州凤凰山一带的畲族有节约用水的规定，这些规定让畲族人民认识到，水资源是十分珍贵的，它对人民的生活有重要影响，因此，不得污染水，也不得浪费水，否则，即使死后也要受到极其严厉的惩罚。同时，畲族水资源保护规约还体现在对自来水的使用和管理方面的村规民约上。在云和县，自从有了这个自来水村规民约后，村民们都主动自觉交水费，节约用水；管理者也尽心尽力地维护和管理水源，直到现在，村民们都放心地用自来水。同时，畲族关于森林资源的保护规约亦十分重要，其对于生态环境的保护也同样具有重要意义。主要表现为畲族的植树造林习惯、护林防火规范、保护森林的族规、封山育林的规约、油茶管理规约等。

第七，探讨畲族生态伦理的当代实践及其展望。一方面，探究畲族生态伦理在生态农业、生态养殖业、生态旅游业等方面的当代实践。在生态农业方面，许多畲族村庄在传统农耕文化的基础上，发展出多样化、标准化、有机化的特色山区生态农业，达到资源效益的最大化。在生态养殖业方面，畲族既有靠吃番薯、土豆、南瓜等山货，喝山泉水，肉质鲜嫩，备受省城和上海市民欢迎的生态养猪，又有靠喂养绿色原材料，保障质量较好的生态养牛。畲族人民依靠生态养殖业实现生态价值向经济价值转化。在生态旅游业方面，许多畲族乡村因其独特的地理位置、自然禀赋，并凭借优良的生态环境，依托浓郁的畲族文化和丰厚的农耕文化，因地制宜，坚持绿色发展理念，走上了"民宿＋畲族文化"、以生态农业景观为主的生态旅游之路，从而打造既可以休闲、观光，又可以进行养生的综合性生态农业村，走生态、农业、旅游业相融合以及乡村三产融合发展之路。另一方面，对畲族生态伦理的当代实践进行了展望。既肯定了畲族生态伦理当代实践的特色，又指出了其存在的诸多不足之处。针对现实中面临的这些问题，我们可以通过加大生态科技力量的投入、健全各项补贴等配套制度和完善农业保险等措施来进行完善。

第三节　畲族生态伦理概述

一、畲族生态伦理概念

关于生态伦理的概念，有学者认为，生态伦理是公民在公共生态生活中与自然相互交往所应遵循的准则。①人类在生活中总是与自然生态系统休戚相关，两者在有关的活动中所形成的伦理关系以及调节原则就构成了生态伦理的内容。可见，生态伦理的道德范围早已超越了人与人之间的关系，是一种处理人与自然关系的道德规范。虽然生态伦理强调人对自然界的道德关怀，但是，实质上所主张的也是对人类自身的一种道德关怀。当然，生态伦理的意蕴和传统意义上的伦理还有着重大区别。传统意义的伦理一般只强调人际之间的关系，是自然形成的，核心是靠自觉和自省。而生态伦理所涉及的人与自然之间的关系，既有自然形成的部分，也有法律制定的部分，具有一定的强制性。在生态伦理中涉及强制性的生态法律、政策时，会出现不同价值的博弈，这时，社会价值就要优于个人价值。生态伦理的核心内容是人与自然之间的关系，因此，我们必须重视人与自然之间的和谐关系，如此才能实现生态伦理的真正价值。

畲族生态伦理同样是畲族人民在处理与自然的关系中所应遵循的道德和行为准则。这些准则既包括畲族人民在与自然界相处中自然形成的对自然万物的感恩报德意识和保护自然的义务意识，又包括畲族人民为保护生态环境而制定的习惯法。在畲族人民的观念中，他们与自然万物同源共祖，只有保持对天地、火、山水、石头、树木、竹子等自然界中生物的敬爱，保持对动物的崇拜和关爱，并在生产中合理地开发利用，保护性利用，

---

① 参见周国文:《自然权与人权的融合》，中央编译出版社 2011 年版，第 98 页。

秉持可持续发展原则，才能在自然界中好好生存和发展。这也就形成了畲族生态伦理中保护生态环境的内在自律性内涵。畲族为了更好地保护生态环境，还制定了保护环境的习惯法来维护人与自然的平衡。这些习惯法中有规定村落环境绿化的，例如建立保护自然的自治组织，制定封禁山制度；有关于林业方面的禁忌，如规定了封山育林等。畲族通过订立保护生态环境的习惯法，来进一步规范人们的行为，从而形成了保护生态环境的外在的具有强制力的他律性。这些习惯法是从经验层面出发制定的，比一般的宗教戒律以及宗教禁忌更具有规范性，对于畲族生态伦理而言，他律性和权威性也就更高，这样，对生态环境的保护也更具有实效性。正因为内在的自律性和外在的他律性的共同作用，畲族生态伦理的内涵和精神才能够更好地在畲族的生产生活实践中得到履行和落实，从而使畲族地区的生态环境得到有效保护。

二、畲族生态伦理的特点

畲族文化中农耕习俗、生活实践、信仰习俗、文学艺术等都含有生态伦理的意蕴。通过梳理与归纳畲族文化研究的内容，可以概括出畲族生态伦理具有以下特征：

1. 敬畏自然的生态伦理思想

畲族作为一个身居大山的民族，深刻地认识到大自然的强大威力，想要过上安稳幸福的生活是离不开大自然的恩赐的，大自然对其生存和发展具有重要意义。只有顺应自然、关爱自然、敬畏自然才有可能得到更多大自然赐予的福气。畲族人民在长期的生产、生活中就一直践行敬畏自然的思想意识，从不强力强为。如畲族人民在建造民居时就很注重风水一说。尽管有迷信的成分，但也有科学、合理和实用的一面。避免在陡峭的山坡之下建造房屋，就能避开像滑坡、泥石流等自然灾害；避免在直挡溪涧和河流拐弯处建造房屋，能免除洪水隐患；避免在风口处建造房屋，就能减轻风寒疾病；等等。[1]从畲族人民建造民居的风水观念中我们可以看出其顺应自然、敬畏自然的态度。畲族人民对待动植物的友善和关爱同样反映了其生态伦理中敬畏自然的特征。崇拜某种动物或植物的族群，十分重视其与动物、植物之间的关系。一方面，本族群的人不准杀、食该种动物或植物，要尊重其生命。另一方面，本族群的人还有保护此类动物或植物的义务，维护其生存环境。[2]这有利于保护畲族动植物的多样性发展，同时也反映了畲族人民在潜意识里敬畏自然之情。

2.畲族族群、宗族意识与其生态伦理相融合

由于畲族的发展长期处于落后状态，因此，畲族人民受到他人的排挤和歧视。为了扭转其所受的不公情况，畲族人民通过各种形式增强族群和宗族凝聚力，长此以往，就形成了浓厚的

---

① 参见钟伯清：《中国畲族》，宁夏人民出版社2012年版，第169页。
② 参见何星亮：《中国少数民族传统文化与生态保护》，《云南民族大学学报（哲学社会科学版）》2004年第1期。

族群和宗族意识。比如畲族人民自称"山哈"就包含浓厚的族群和宗族观念。"山哈"身份的识别和确认，会让即使是陌生的畲族人之间也会自然而然流露出热情和友善，彼此之间会有油然而生的亲密感。而"山哈"两个字本身就包含了极大的生态伦理意义。"山哈"可以解释为"山里的客人"，这已经从字面意思上将畲族人民与自然的关系清楚地表达出来，即畲族人民只是大山里的客人，他们生活在山林之中从来不是主宰者，而仅仅是依附于这里的客人而已。作为山里的客人，当然要遵循符合其身份的行为准则，其中与生态伦理相融合，起到保护自然环境作用的宗族规训，畲族人民都应该自觉遵守。《丽水地区畲族志》中就规定，在畲族村落中种树一定要间隔一定的距离，对于烧毁的山林必须要插苗补种，而且还要赔偿一定的经济损失。[①] 由此可见，保护耕地、爱护山林已成为每一个"山哈"的责任，如果有人对耕地、山林进行破坏，就应该被惩罚，并进行相应的赔偿。同时，如果蓄意对畲族人民所依附的自然环境进行毁坏，还会影响其身份认同的问题，即从心理上对"山哈"身份予以剥夺。

3. 畲族的生产、生活实践与其生态伦理紧密相连

畲族生态伦理不仅仅是具有浪漫主义色彩，教条化、形式化的理论体系，还是畲族人民在长期的生产、生活实践中所形成的对自我认知、对大自然的态度以及人与自然关系的重要思想，

[①] 参见浙江省《丽水地区畲族志》编纂委员会：《丽水地区畲族志》，电子工业出版社1992年版，第32页。

这些都不是凭空想象出来的，而是真真切切在实践中锤炼的结果。一方面，畲族的生态伦理思想要求畲族人民要尊重、敬爱、珍惜大自然，要好好地保护自然环境，合理地开发利用自然，始终遵循人与自然和谐相处的重要理念。另一方面，畲族人民又运用自己的勤劳与智慧，将生态伦理实实在在地投入生产、生活实践中去，使其在畲族的经济领域、文化领域以及道德领域等具体生活中得到真真切切的实践。畲族生产、生活与其生态伦理不断地发生关联，不仅使畲族生态伦理对生活有着重要的道德约束和价值指导作用，同时也使畲族人民本身成为畲族文化的象征性符号。

在畲族的生产实践中，畲族人民始终以生态伦理的理念为指导，合理地开发利用自然资源。正如乾隆《龙溪县志》所记载："穷山之内有蓝雷之族焉，不知其所始，姓蓝、雷，无土著，随山迁徙，而种谷三年，土瘠辄弃之，去则种竹偿之，无征税，无服役。"[①]这就说明了畲族在生产开垦土地之后，有意识地通过种植竹子，进行人工造林，从而使火种开垦的土地能够休养生息。如此一来，不仅获得了农业经济生产效益，还维持了森林的稳定，对自然环境有了很好的保护。畲族生态伦理延伸到畲族生活实践的每一处，在信仰文化、文学艺术、风俗习惯等方面都有所体现。其中畲族村落的布局就将畲族生态伦理的意象展现得淋漓尽致。畲族的村口一般都是树木成林的景象，畲族

---

① 黄惠:《龙溪县志（卷10）》《风俗·杂志》。

人民称之为风水林，意欲是阻挡不好的东西入侵和防止好的财气、福气等外流。[①] 尽管这只是一种风水信仰，科学性有待考察，但是确实对绿化生态环境有所助益，对防止水土流失也有积极作用。可见，在畲族的具体生产和生活中，其生态伦理意蕴随处可见，两者本身就是相互关联、密不可分的。

三、畲族生态伦理的形成与发展

（一）畲族生态伦理的形成背景

畲族生态伦理的形成背景与畲族的自然环境、农业习俗等密切相关。总体来讲，畲族人民生存的自然环境相对恶劣，主要表现在其所处的地理位置在山区，和外界接触不多，相对比较封闭，加上地形地貌复杂多样，交通条件十分落后。因此，畲族人民只能在这种山林环境中求得生存与发展。于是他们就在这样的环境中开拓荒野，建造田地，建设属于他们自己的家园，也形成了具有山区耕猎文化特点的农业习俗。尽管畲族有属于自己的农业生产，然而由于土地贫瘠、生产工具不足、生产方式简陋等，往往还要靠狩猎来满足日常所需。"随山散处刀耕火种，采实猎毛，食尽一山即他徙。"[②] 当然也有学者认为，"畲族的耕猎文化如果仅仅把它当作落后的代名词是不够客观的。如

---

① 参见钟伯清：《中国畲族》，宁夏人民出版社 2012 年版，第 50 页。
② 郭志超：《畲族文化论述》，中国社会科学出版社 2009 年版，第 101 页。

果从生态人类学的角度来看，它是符合人类生态系统的，其盛行那么久，是有其合理性的"[1]。通过几千年来不断完善生产技术，畲族的生产力得到了极大的提高，其与自然相处累积的文化传统，亦孕育了深厚的生态伦理思想。畲族生态伦理正是在其山地自然环境和耕猎文化背景下形成的。其一，畲族人民所处的生存环境造就了他们对山林的热爱，对大自然的敬爱与尊重。这不仅源于他们的家园就是这一片山林，还在于长久以来的农业生产使他们具有勤劳善良、淳厚质朴的民族性格。在处理人与自然的关系上，畲族人民在这样的环境中有自己的一套理论，这也是畲族生态伦理形成的重要基础。其二，畲族生态伦理的形成，正是畲族人民对生存环境适应的结果。为了适应山地自然环境，畲族人民在长期的生产实践中逐渐在思想、观念和意识上形成了自己的生态伦理。

（二）畲族生态伦理发展

在漫长的历史实践中，传统的畲族生态伦理对于规范人类的行为、维护民族团结、增强民族凝聚力、保护民族地区生态环境等方面起到了重要作用。即使是在现代社会，畲族生态伦理对于保护民族文化的完整性、构建畲族地区和谐社会以及生态文明建设等都具有重要价值。然而，随着现代化进程的加快，畲族生态伦理的发展也受到了一定影响，其是否能保持完整性，

---

[1] 参见尹绍亭：《人与森林——生态人类学视野中的刀耕火种》，云南教育出版社2000年版，第30页。

是否能够继续发挥重要价值，是一个值得深思的现实问题。

1. 影响畲族生态伦理发展的因素

首先，畲族生态伦理的发展受到社会生产力的影响。

现代化进程的逐渐加快，使社会生产力也大大提高，在落后生产力背景下形成的畲族生态伦理发展必将会受到一定影响。由于畲族的社会生产力水平较为低下，畲族只有努力地维护好人与自然生态之间的关系，才可能求得生存与发展。而一旦社会生存力水平有所提高，畲族生态伦理赖以生存的基础就发生了变化，一种相对稳定的人与自然之间的平衡状态就会被打破，发生生态危机的风险就会大大增加。

其次，畲族生态伦理的发展受到经济发展水平的影响。

在社会生产力逐渐提高的同时，整个社会的经济发展水平也会随之提高。在面对经济浪潮的冲击时，畲族人民的经济观念也随之发生了改变，这势必会对畲族生态伦理的发展产生重大影响。一方面，时至今日，畲族的整体经济发展水平仍然比较低，加上受教育程度普遍不高，为了获得更好的生存条件，改变畲族在整个社会中所处的劣势状况，往往会通过利用劳动力数量及密集型消耗资源来提高产量。而这种方式无疑增加了畲族人民对大自然索取的欲望，大大影响了畲族生态伦理的健康发展。另一方面，在经济利益的驱使下，畲族人民对自然界有了一定的破坏。先前畲族"靠山吃山"蕴含着正确的生态伦理观，体现了畲族对大自然的尊重和依赖。而在经济发展和致富欲望的驱使下，出现了过度砍伐和耕种，于是"靠山吃山"就演变成了一种致富的手段。例如畲族人民为了追求经济效应，曾大量开垦荒地，种植茶叶，而为了让茶叶长得更好，又大量使用农药等化学药品，这种方式使土地饱受伤害。同时，畲族的生态伦理发展还受到了产业转移的影响。在发达地区，为了保障经济的快速发展，大力发展工业，但是工业所带来的污染，对环境影响极大。为了缓解环境压力，发达地区往往会采取产业转移的战略，将工业产业转移到经济发展落后的地区。而畲族地区也会为了获取经济发展，接受污染较大的工业进入畲族地区。众所周知，畲族主要是以农业、种植业等为主，而产业转移使其林地、土地等变成了工业用地，这就使畲族的生态环境开始恶化，从而使畲族的生态伦理发展受到重大影响。

最后，畲族生态伦理的发展受传统文化流失的影响。

传统文化的流失使畲族文化的发展受到重要影响，当然也对畲族生态伦理的发展有了一定的制约。在国家进程不断现代化、各民族不断接受现代文化的冲击下，如何保护和传承我们的传统文化已成为十分迫切的问题。各少数民族的传统文化，是在长期的历史发展过程中积累下来的中华民族的重要财富，它也许曾经受到破坏和摧残，但却以顽强的生命力生存了下来。而如今在国家现代化进程逐渐增强，经济持续增长的背景下，少数民族传统文化却有流失的现象。畲族传统文化当然也不例外。究其原因，主要表现为两方面的因素：其一是国家现代化进程加速以及社会进入了重大转型时期，必然会使畲族的传统文化受到影响；其二是畲族地区的经济发展较为落后，与发达地区相比长期处于滞后状态，这就使畲族人民开始怀疑对传统文化如此重视是否还有意义，这种怀疑和犹豫对保护和传承传统文化十分不利。尤其是年轻人，接受的外来文化更多，对发达地区的经济效应接受得更多，对本民族传统文化的态度则更加冷漠，往往会选择更加现代的生活方式，这就使畲族的语言、服饰、艺术、风俗礼仪等出现了一定程度上的流失。而畲族生态伦理中包含了重要的畲族文化，如此一来，其发展也必将受到影响。

2.畲族生态伦理更好发展的路径选择

当前，畲族生态伦理发展所面临的重要问题，就是如何处理好畲族传统文化与现代化之间的关系。我们要根据畲族生态伦理的特点和发展规律，从畲族的民族性出发，选择适合本民族的发展道路。其一，畲族的传统文化不可摒弃，这是畲族的根与魂，也是保障畲族生态伦理更好发展的基础。其二，我们也要借助现代化的生态伦理观念，对畲族生态伦理进行去伪存真。其三，要不断地发扬畲族生态伦理理念，并且要建立地区自然生态环境保护体系，促进畲族生态伦理更好的发展。

第一，保护与传承畲族传统文化，是保障畲族生态伦理更好发展的基础。

畲族传统文化是畲族在漫长的历史实践中积累的重要财富，如果想要畲族生态伦理有更好的发展，就必须加强对畲族传统文化的保护与传承，畲族伦理的现代化发展要依靠传统文化的继承才能进行。对于畲族文化来讲，它是一个统一的有机体，既包括畲族传统文化的部分，具有重要的文化底蕴，又包括畲族现代文化的部分，与时代同向发展。两者之间相互依存、相互补充、互为条件关系。对于畲族整体文化的运行模式而言，无论是传统的，还是现代的，都要保持健康持续的发展，才能使畲族生态伦理思想更加具有完整性和系统性。如若其中任何一方在发展过程中受到损害，畲族生态伦理的发展就必然会受到影响。因此，在当前追求经济发展的同时，畲族地区切不可忽视对畲族传统文化和生态环境的保护，不能为了追求经济效益，而损害畲族沉淀的文化精华以及赖以生存的自然环境。其实，畲族人民应该考虑的是如何利用自己所拥有的传统文化和自然生态优势，来发展畲族地区的经济，达到既保护了传统文化和生态环境，又实现了经济增长的双重目标。简言之，畲族传统文化、生态环境、畲族生态伦理之间是相互联系的，而保护和传承畲族传统文化是实现畲族生态伦理现代化发展的基础。

第二，探索畲族传统生态伦理积极意义及其与现代生态伦理的一致性，实现畲族传统生态伦理的现代化发展。

在新时代的背景下，畲族传统生态伦理发展也需要具有现代性，以符合时代发展的需要。对于畲族生态伦理的现代化发展，我们一方面要探究其本身所具有的符合新时代发展的理论内涵，另一方面也要窥探畲族传统生态伦理与现代生态伦理的相同之处，以便更好地实现现代化发展。具体而言：其一，畲族传统的生态伦理中蕴含着具有积极意义的重要内容，可以和新时代中国特色社会主义核心价值观结合起来，为实现畲族生态伦理的现代化发展积蓄力量。如畲族传统的生态伦理中蕴含着人与自然和谐发展、敬爱自然、保护环境、尊重生物多样性、重视团结友爱、谦虚谨慎的价值观，奉行节俭朴素的生活方式，等等。这些畲族传统生态伦理内容都具有积极的现实意义，与新时代中国特色社会主义发展的需要相适应。其二，畲族传统生态伦理与现代生态伦理中存在着一致性，对于畲族实现现代化发展有着重要的推动作用。现代生态伦理认为，自然是一个有机的统一体，人只是其中的一员，世间自然万物都具有其内在价值。畲族传统生态伦理也蕴含着这种"非人类中心"的理念。在畲族宗族观念中，十分重视同一宗族人之间的团结友爱，在这样的观念影响下，畲族人民形成了民族团结这个整体的道德观念，与此相呼应，现代生态伦理中也蕴含着相似的观念，即现代生态伦理所倡导的从个人伦理上升到集团伦理的观念。畲族信仰观念形成了畲族人民保护自然环境的责任意识，这与现代生态伦理理论中实现从信仰伦理延伸到责任伦理具有很强的一致性。在畲族生态伦理中，一方面包含对自然的敬畏和禁忌所形成的道德规范，另一方面又包括乡规民约、习惯法等法律规范。从道德规范向法律规范的转换与现代生态伦理理论中他律伦理延伸到结构伦理的理念几乎一致。因此，要想实现畲族传统生态伦理的现代化发展，既要重视其本身所具有的积极意义，又要实现其与现代生态伦理之间的内涵转换。

第二章　畲族生态伦理观

第一节　人与自然万物同源共祖观

　　畲族人民因居住在山区，称自己为"山哈"。在畲语中"哈"字指代客人，"山哈"意指畲族人民只是寓居在山里的客人，而不是主人。这说明在畲族人民的观念中，人和自然构成了一个相互联系、彼此密不可分的命运共同体。在这个命运共同体中，人类显然不是自然万物的主宰者，最多是自然与人类命运共同体中的一位普通的成员。人类与自然的关系，并非只是自然为人类提供资源的一种简单关系，最重要的是一种根源关系。作为人类的母亲，自然不仅孕育了人类，而且还滋养了人类。自然界中非人类的生命共同体，或动物，或植物，都是人类的兄弟抑或朋友，它们与人类同源共祖。[1]

  在万物起源的观念上，各民族对人类起源的认识各不相同，可谓多种多样，即便如此，我们还是能够将它们归纳成为两大类，一是自然物繁衍出人类，二是神秘力量创造人类。之所以会产生出自然物繁衍出人类的观念，是因为少数民族先民最能从直观中体验出人类与万物的起源。有些少数民族最早的生活体验来源于自然。在他们居住的区域，自然现象往往是少数民族先民最先能观察到的现象，同时也是印象最为深刻的现象。这些自然现象自然而然地成为孕育自然万物的象征。侗族所居住的山区，常见的现象是每天早上雾气升腾，于是，侗族先民就形成了"雾"是万物本原的观念。彝族人民认为宇宙万物源于山气，故形成了"气"是万物本原的观念。有些少数民族以动植物为自己的祖先，贵州黔东南地区部分苗族觉得自己的始祖来源于枫木树。鄂伦春族人认为自己是飞禽与泥土的产物，鄂温克人、黎族人分别认为自己的祖先是一只熊、一只猫，土家族人和白族人都将自己看作是白虎后裔，等等。与这些少数民族不同的是，另一些少数民族把人类和自然界万物的起源归结为神秘力量，神奇的力量创造出了天地、人类、世间万物。[2]畲族人民就认为神秘力量创造人类。畲族神话故事《盘古神话》

---

[1] 参见廖国强：《朴素而深邃：南方少数民族生态伦理观探析》，《广西民族学院学报（哲学社会科学版）》2006年第2期。

[2] 参见白葆莉：《中国少数民族生态伦理研究》，博士学位论文，中央民族大学，2007年，第7页。

展现了这样一幅图景：在天地混沌的时候，生出了盘古。盘古先造好天地，接着他将身上所有的东西变成了世界万物：他呼出的气、说出的声音分别变成了风云和雷霆，双手形成了太阳和月亮，四肢五体变成四极五岳，血液筋脉变成江河地理，肌肉皮毛变成田地草木，头发胡须、齿骨变成星辰和金石，精髓、汗流变成珠玉与雨泽，就连身上的许多小虫，经过风吹雨打，也变成了千千万万的人。于是有了人类。[①]在这个畲族的创世神话中，先有天地、日月星辰、高山河川、田地草木，最后才有人。去除虚妄的成分，畲族人民已认识到是大自然创造了人类，而不是反过来。在某种程度上，这与现代人类进化论所提倡的"人是由自然进化而来的观点"有某种共同之处。

　　不仅如此，畲族先民认为人神兽同源共祖。神话故事《高辛帝创造日月和世间万物》描述了畲族的起源。高辛帝作为畲族的创世神和始祖神，创造出自然万物。据传高辛帝诞生的时候，苍穹缺损，天地昏暗，他拿一些松、柳树枝，把它们编成一只球，悬挂在天空，变成了日月；用许多宝石做钉子补好天，变成了星辰；他扳倒枫树，将枫叶变成了飞鸟，把撅断的大树枝变成了走兽，把抛在水里的小树枝变成了鱼虾，木屑变成了飞虫，从而使大地充满了生机。[②]从人神兽同源共祖意识可以推论出：人类与地球上其他有生命的物种，皆是人与自然命运共同体这个大家庭中的成员。在这个命运共同体中，人和自然界的

---

① 参见邱国珍、姚周辉、赖施虹：《畲族民间文化》，商务印书馆2006年版，第319页。
② 参见邱国珍、姚周辉、赖施虹：《畲族民间文化》，商务印书馆2006年版，第320页。

生物体是亲人关系，人类的地位非但不高于自然生物体，反而与它们处于同等的地位。和人类一样，自然生物体都拥有自己的生命价值，享有生存与发展的权利，人类永远都毫无理由视自己为征服与支配自然的主人。因此，人类应该像亲人朋友一样对待自然生物体，[①] 从而形成了天地人相亲的自然生态观。

畲族的图腾崇拜和神话故事体现了畲族人民视自然万物为自己亲人朋友的观念。畲族人民将某种动物，如凤凰，视作自己的祖先加以崇拜。事实上，在图腾崇拜中，畲族人民扩大了道德对象的范围，将其从人类延伸到生态系统的其余成员，在人与动物之间乃至人与生态系统的其余成员之间，建构起一种犹如人与人之间的伦理（亲缘）关系。畲族神话故事还述说了人与动物之间的亲缘关系。如《青蛙中状元》中说的是人可以生下一只青蛙，青蛙长大后变成美貌书生，和一位女子成亲，并中了武状元。故事是这样的：很久以前，有一对畲族夫妇，年过四十却膝下无子女。有一天，妻子好不容易怀孕了，却生下了一只青蛙。十八年后，青蛙要求父亲到李员外家提亲，娶李员外家三小姐为妻。父亲到李员外家提亲，李员外要聘礼十担金十担银，青蛙用法术变出了十担金十担银。李员外得知女婿是一只青蛙时，拒绝了提亲。青蛙只好亲自到员外家求见岳父，员外叫家丁打死青蛙，青蛙非但没被打死，还用法术迫使员外把女儿嫁给了它。成亲那天，青蛙在新房内脱下了青蛙皮，变

---

① 参见肖雅锟：《云南少数民族传统生态伦理思想及其现代审视》，硕士学位论文，河北师范大学，2009年，第11页。

成了一位美貌的书生，和三小姐喜结良缘。三年后，皇帝出榜招天下英雄。青蛙脱掉青蛙皮交给妻子保管，独自一人上京城到武场投考，因他武艺高强，技压群雄，被皇帝封为"武状元"。[①] 在这则故事中，动物（青蛙）是畲家的儿子。在《蛇郎娶亲》故事中蛇成为畲家的女婿。它说的是畲家雷老汉有二女，有一天，两人去后山篱园种菜，遇见一条大蛇，蛇说自己是这山的昆神，到明天中午三刻就会变成人，向她们求亲。姐姐不愿意，妹妹只好嫁给蛇做妻子。后来，姐姐发现蛇郎英俊潇洒，家庭富裕，就想做蛇郎的妻子。姐姐施展计谋把妹妹推入井中，害死了妹妹，假装妹妹到了蛇郎家。在蛇郎家，姐姐以自己不小心跌倒摔伤了脚为由不做家务，不挑水。蛇郎去挑水，带回一只会说话的黄雀在家养着。黄雀叫着"蛇郎眼睛瞎，大姨换小姨"。姐姐听到叫声，怀疑黄雀是阿妹变的，便杀死了黄雀，并吃了肉，但是骨头依然会叫，于是她就把骨头烧成灰，埋到菜地里。菜地里长出了一棵竹子，姐姐走近竹子，头就痛，于是她就砍了竹子做竹椅。姐姐坐在竹椅上却被竹椅咬了一口，她非常恼恨，就烧了竹椅，却烧出了一个金人仔，姐姐把金人仔放在绣楼房的桌上。有一天，姐姐上绣楼，推开门，见金人仔从桌上跳下来，她心里一怔，便从楼梯上滚了下来，摔死了。这时，阿妹现出原形，告诉蛇郎真相，此后两人过着恩爱的生活。故事中蛇郎说了一句话"脸皮擦破了不要紧，只要人心好

---

① 参见钟伏龙、林华峰、颜素开、陈银珠：《闽东畲族文化全书·民间故事卷》，民族出版社 2009 年版，第 337—338 页。

就好"。心不好的阿姐，竟比毒蛇还毒。①上述故事中，畲族人民把与自己日常生活息息相关的动物青蛙和蛇都当作自己的亲人来对待。可见，在畲族文化中，畲族人民视自然中的万物为亲人和伙伴，形成了人与自然万物的亲和观念。这种人与自然万物之间的亲情与伙伴认识，成为畲族生态伦理观的一个重要构成部分。不仅如此，它还是构建畲族生态伦理观念体系的基石。畲族人民具有较为发达的形象思维与类比思维，他们把自然万物视为自己的亲人朋友，因此，人与人之间的那一套伦理观便适用于人与自然万物之间。

第二节　对自然万物的感恩报德意识

畲族人民十分讲究感恩报德。不仅在人与人之间、家庭与家庭之间、族与族之间存在着感恩报德意识，而且这种感恩报德意识还拓展到人与自然万物之间。在畲族人民的内心里，对自然万物给予他们的恩泽与帮助，从来不抱有天经地义的思想，而是始终充满着感恩的、图报的情怀，通过各种各样的方式加以表达。

土地、大山、森林等自然万物既提供给畲族人民一个栖身之所，又提供给畲族人民许多食物来源。土地的繁殖能力强，生

---

① 参见钟伏龙、林华峰、颜素开、陈银珠：《闽东畲族文化全书·民间故事卷》，民族出版社 2009 年版，第 339—341 页。

长出了粮食、瓜果、苎麻等物品，为畲族人民提供了衣食来源。出于生存关照，畲族人民将像母亲哺育婴儿般的土地尊称为"土地公"或"土地神"，通过逢年过节虔诚祭拜的方式，答谢土地滋养畲族人民的恩惠。山林中的动植物，给居住在大山中的畲族人民的狩猎与采集提供了丰厚的资源。乃至于石头，也帮助畲族先民从火灾的劫难中逃脱。畲族古歌叙说了石头救出畲族先民，从而孕育出畲族人民的故事。"上古元仙二弟妹，日日掌（看）鸭山里来，送饭也分石母食。有日石母又开嘴，子时天火放落来，姐弟存（藏）转我肚内，后来两人结头对。一时泥土烧作灰，田中石牯（头）滚出来，当时天下无人种，乃剩元仙二弟妹。元仙元英二弟妹，眼看田园苦哀哀，怪山世上无人种，世界田园怎么开。石母帮他出主张，你背石牯走山上，背上山头双滚落，石牯那合结妻房。一胎养仔五十个，二胎养仔一百个，传转（分去）天下十三省，发族人丁几万个。"①畲族人民自始至终都将土地、大山、森林、石头等自然万物视作亲人朋友，而非"异己之物"，把人与人之间的感恩报德意识运用到人与自然万物之间的关系上。畲族人民非常感激土地、大山、森林、石头等自然万物所给予的大恩德，通过崇拜、祭献等方式对自然万物表达感恩情怀。他们把土地、大山、森林、石头等自然万物视作"神灵"加以崇拜，并形成了一系列崇拜的仪式和禁忌。苍南县畲族人民对土地的崇拜十分盛行，在生产、

---

① 钟伏龙、林华峰、颜素开、陈银珠：《闽东畲族文化全书·民间故事卷》，民族出版社2009年版，第23页。

生活中处处可见。畲族村庄，要么专门建造土地庙祭拜，要么在宫庙中供奉土地公神像。每年农历二月初二、八月十五，畲族人民对土地公进行祭祀，分别举行春祭和秋祭。在每户畲族人民家中，在他们供奉的神龛里，一般都会供奉土地公神像。在每月农历初一、十五日，畲族人民早晚两次都要给家内的土地公上香，在清明节、端午节、七月半以及过年等传统佳节和尝新时，都会祭祀土地公。畲家坟墓的左首设置有"后土"神位。畲族人民在从事开山、挖基等被称为"动土"的行为之前，要选取一个好日子，举办"破土"仪式。在一些偏僻山区，在山湾里有梯田要耕种，畲族人民会在山湾里，建造一座简易小型的土地庙，摆三块石头，顶上再盖一块，形成一个四方形的小屋状，里面放置香炉，敬奉土地公。平常来到这里劳动的时候，也会上上香。在农历七八月份，待这片田地作物获得丰收过"尝新节"的时候以及过年时，畲族人民会来此处祭祀土地公，焚烧一些大金纸以示感谢。① 还存在着"立秋日不下田，下田有鼠害"② 的禁忌。

动物对畲族人民的帮助和救助非常大。畲族人民通过在耕猎劳动中向动物学习，或受到动物的启发，或模仿动物的习性，形成了一些良好的品德、风俗习惯和发明创造。畲族比较有特色的婚俗是"两头嫁"。"两头嫁"是指男女结成夫妻后，特别

---

① 参见雷必贵：《苍南畲族习俗》，作家出版社 2012 年版，第 16—17 页。
② 景宁畲族自治县民族事务委员会：《景宁畲族自治县畲族志》1991 年版，第 116 页。

是家里只有一个子女的青年男女婚后，共同赡养双方父母。"两头嫁"的习俗是受到燕子习性的启发而形成的。相传两情相悦的男女青年蓝娘和雷郎，由于双方都是家里的独根苗，一个不能入赘，一个不能出嫁，而为婚事发愁。有一天，两人在山上砍柴，见到一对恩爱的燕子，想到"燕子成双，秋去春来，南北有家"，于是，采用燕子两头家的方式结成夫妻。此后，"两头嫁"的婚姻在畲族盛行。畲族的医药负有盛名。其中有一种专治跌伤骨伤的草药及其治疗方法是模仿猴子用药草接上断藤而获得的。有个畲族人在山崖下种苞萝，崖壁青藤上落下来的猴子常常偷吃他的苞萝。为此，他接二连三地砍断了藤条，但是他惊讶地发现，每次断藤都被接上了。他决定探究根源，于是他砍断藤条后，不像往常那样离开，而是躲在草丛中。不久，他看到三只老公猴抱着老长的药草，拉来断藤，用药草蔓绷紧，再鼓着腮，把草药根嚼烂，糊在断藤茬上，而后离开。他把老猴落下的药草拿回家，恰巧有个姑娘跌伤，他用药草仿照老猴接藤的方式，治好了姑娘的伤脚。此后，畲族人民就有了一种专治跌伤骨伤的草药，名叫"三七草"。① 动物还救助、帮助畲族人民。畲族民间故事《猎人不狩猴》讲述的就是猴子救猎人的故事。从前，有个畲族猎人，常年肩扛一杆火铳，腰扎一个装有火药的牛角罐，在山上打猎。有一天，猎人看见一只可爱的猴子费劲地爬大树，猎人伸出援手，帮助猴子爬到树上。接

---

① 参见邱国珍、姚周辉、赖施虬：《畲族民间文化》，商务印书馆 2006 年版，第 354—356 页。

着，猎人在树下与猴子玩耍。不久，来了一条蟒蛇，不但往猎人身上缠，还张开大口扑向猎人的脖子，在这个危急关头，猎人在树上猴子的提示下，提起腰间的牛角罐，往蟒蛇的嘴巴里送，炸死了蟒蛇，猎人得救了，猴子救人的事迹，从此流传开来。① 不仅猴子救人，甚至老虎也助人为乐。《虎媒》中讲述老虎为小伙子做媒娶亲。畲族小伙子雷承福和母亲二人住在深山里。一天晚上，天气寒冷，母亲在灶前烤火取暖，发现了一只被竹子戳伤脚的虎，于是，她拔除了虎脚的竹子，并用草药包扎，治好了虎脚。老虎十分感激母亲，经常送来山兔、鹿等野货。有一天，老虎发现母亲为儿子娶不着媳妇而发愁、叹息，它决定帮助她。晚上，老虎背回来一位昏迷的女子。女子苏醒后，告诉母子自己身世。她是财主家的女仆，替财主婆做牛做马。财主婆发现财主戏弄她，对她进行一顿毒打后把她关在柴房。她逃出财主家，来到山林遇到老虎便吓昏过去。母子俩同情她的遭遇，收留她，直到她伤势痊愈。这天，母子俩告诉女子，要送她回财主家。女子知晓自己回去肯定是送死，于是她恳求母子俩，宁愿在他们家做一辈子的下人也死活不愿意回去。母亲考虑再三，让女子与儿子成亲。婚后不久，儿子因被财主告发拐骗女仆而被押到了县衙。在公堂上，儿子说他没有拐骗财主的女仆，而是老虎衔来给他做妻子。县太爷认为他说谎，要打他五十大板。这时老虎来了，吓得县太爷躲到了桌子底下

---

① 参见钟伏龙、林华峰、颜素开、陈银珠：《闽东畲族文化全书·民间故事卷》，民族出版社 2009 年版，第 326 页。

发抖。最后县太爷放了儿子，并把女子判给他做妻子。①这则故事中的老虎因感恩，衔来一个女子给承福做妻子。在另一则故事《老虎抢亲》中，老虎干脆为小伙子强行叼来一个媳妇。这个媳妇因父亲无钱治病，而被迫嫁给财主做小老婆。她不愿意，宁愿被老虎叼走。老虎知道后，在她出嫁那天扑向她坐的花轿，把她叼走了，给救过它的雷二做妻子。财主得知新妇被老虎叼走并吃掉了，也只得作罢。②故事中的老虎所表现出的侠义行为甚至胜过了人类。

畲族人民对给予自己帮助的动物朋友心存感激，感恩报德。他们热爱、崇敬动物。畲族有句谚语"扶猴上树，扶猪压人"，是指由于猴子在危难之中救过猎人，猎人怎么能够猎杀猴子呢？因此，畲族人民爱护猴子，在狩猎中不打猴子，也不吃猴肉。③畲族作为水田稻作民族，牛的农耕作用无法替代，因此，畲族人民对牛充满了挚爱之情，对牛像亲人一样，加以尊重，百般呵护。用最好的饲料来饲养，让牛喝酒，保障牛在农忙时节能好好表现，能更加卖力劳作。这种挚爱之情充分体现在各种敬牛习俗中。每年春节，要给牛过新年。畲族人要拿出储藏的干草，伴着细糠喂牛，还会给牛喝番薯粥、糖酒等，感

① 参见钟伏龙、林华峰、颜素开、陈银珠：《闽东畲族文化全书·民间故事卷》，民族出版社2009年版，第327—328页。
② 参见钟伏龙、林华峰、颜素开、陈银珠：《闽东畲族文化全书·民间故事卷》，民族出版社2009年版，第328—329页。
③ 参见钟伏龙、林华峰、颜素开、陈银珠：《闽东畲族文化全书·民间故事卷》，民族出版社2009年版，第326—327页。

谢牛一年来辛苦的劳作，让牛过一个好年。正月初二，要牵牛游乡。畲族人要选一个吉利的方向牵牛出村，到村外山野上溜一圈，回来的时候，要按出村相反的方向把牛牵回牛栏。浙西南畲族人民要给牛儿做"三旦"。畲族谚语云"人歇五月节，牛歇四月八"。浙江苍南至今仍然流传着"歇牛节"。农历四月初八这一天，畲族人民给牛放假，中午或晚上煮米粥或鸡蛋拌米酒，给牛进补。① 禁止用鞭打牛，也禁忌骂牛。闽东一带畲乡把四月初八定为"寻牛节"。在广东潮州凤凰山区各畲村，牛享受贴"冬节丸"的待遇。每年冬至节，庆丰收的时候，人们感谢耕牛一年之辛劳，做糯米圆粑给牛食，并在牛头、牛尾、牛脖子、牛背、牛栏等处贴圆粑。贴在牛头上，祈求牛温顺，每天早上自觉上山觅食，不要人们费事牵牛上山。贴在牛尾上，祈求牛能知晓时间，天黑自觉回家，不要人们到处寻找。贴在牛身上，祈求牛越发强壮有力，好为主人家多干农活。② 在贴的时候，还要唱着："粿乳仔（即糯米丸）贴牛头，上山食草晤愁，圆粿贴牛脖，预祝明年五谷熟。圆粿贴牛中央，预祝明年谷满仓，圆粿贴牛尾，朝放出门暗自归。"③ 可见，对自然万物的感恩报德意识反映出畲族人民尊重自然、爱护生命的伦理观念。

---

① 参见雷必贵：《苍南畲族习俗》，作家出版社 2012 年版，第 188—189 页。
② 参见石中坚、雷楠：《畲族祖地文化新探》，甘肃民族出版社 2010 年版，第 318 页。
③ 石中坚、雷楠：《畲族祖地文化新探》，甘肃民族出版社 2010 年版，第 136 页。

第三节　保护自然的义务意识

在畲族人民的观念中，作为畲族人民的亲朋好友，自然万物理应与人一样，享有持续生存与健康发展的权利，并且这些权利神圣不可侵犯。畲族人民对自然万物的生存发展权利，不仅要予以尊重，不能剥夺，而且还要履行维护的义务。畲族生产生活中许多关于动物的禁忌，就是对动物生命权的尊重与保护。尽管人类的需求多种多样，但是以需求是否满足生存需要为标准，可将人类的需求分为两类：一类是满足人类的生存需要而产生的需求，即人的生存需求；另一类是超越了人类的生存需要而产生的需求，即人的侈靡需求。[①]在人与自然万物的共同体中，自然万物与人相同，都享有各自的需求。人的需求和自然万物的需求之间，时常会产生矛盾甚至冲突，这种矛盾和冲突是不可避免的。畲族人民面对这种矛盾和冲突时，使用的解决办法是使双方互利共赢，满足人类需求的同时又不损害自然。那种只顾人类自身的利益与权利，而忽视乃至损害自然万物的权利和利益的行为，必然会遭到自然万物的报复，最终造成人类与自然万物的"两败俱伤"，是得不偿失的。因此，畲族人民在利用自然资源的过程中，节制自己的贪欲，自觉地限制自己，仅仅是为了满足生存需求，而合理地利用自然资源。他们从来

---

① 参见廖国强：《朴素而深邃：南方少数民族生态伦理观探析》，《广西民族学院学报（哲学社会科学版）》2006 年第 2 期。

不会为了满足侈靡需求，而掠夺自然资源。他们不但不会对自然万物滥用权力，反而会承担起保护自然万物的义务。

　　畲族人民把自然万物视作亲人、伙伴，把人与人之间的善恶观或是非观扩展到人与自然之间，尊崇"善是保存和促进生命，恶是阻碍和毁灭生命"①，从而在人与自然之间形成一种善恶观或是非观。把尊重与保护自然万物的行为视作善的、正确的行为，把不尊重与伤害自然万物的行为视为恶的、错误的行为。在人与自然万物的共同体中构建了一个有序的秩序，凡是有利于维护人与自然万物共同体完整与稳定的行为就是正确的行为，反之，就是错误的行为。②人与自然万物之间的善恶观或是非观，在畲族的民间故事中得以充分的展现。畲族人民采用民间故事，赞扬、肯定了尊重、珍爱、保护自然万物的行为，否定、鞭挞了藐视、憎恨、破坏自然的行为。《"山哈"不杀抱窝的母鸡》讲述的就是畲族把不杀抱窝母鸡的行为视作正确的、善良的行为，并对这种珍爱、保护自然的行为进行了肯定和赞赏。畲家人不杀也不吃抱窝的母鸡的事得从孔子周游列国说起。孔子当年在陈蔡被困断粮，他的弟子们非常忧愁，四处奔波，依靠乞讨度日。一天中午，子路到一位朋友家，向朋友求助给点吃的以救老师的性命。朋友家很穷，拿不出吃的东西，只剩下院子里的一只老母鸡和一群小鸡，朋友也只好去杀老母鸡。老母鸡

---

① 廖国强：《朴素而深邃：南方少数民族生态伦理观探析》，《广西民族学院学报（哲学社会科学版）》2006年第2期。

② 参见佘正荣：《生态智慧论》，中国社会科学出版社1996年版，第44页。

知道主人的想法后带着小鸡惊慌失措地往外跑，这时候，遇见了孔子和公冶长。孔子让懂得禽鸟之音的公冶长去听老母鸡说话。公冶长听后告诉孔子，老母鸡对小鸡交代后事，对小鸡说，因孔子绝了粮，主人要杀它，小鸡太小了让它好担心，它死后，要求小鸡日上三竿前离开家，日头不落之前要回家。以后听到炸雷响声的时候，赶紧往屋檐下躲避。听到老鹰的叫声，赶紧躲进树林里。不要与猫狗交朋友，不要与鼠蛇有来往……处处小心才能保平安。孔子听后感叹，禽鸟走兽，与人一样，有一颗爱子之心，绝不能因他缺粮而杀害老母鸡。于是孔子找到了鸡的主人，向鸡的主人道谢，说了不让杀鸡的理由。子路考虑到孔子已经饿了七天，跪求孔子允许杀鸡。孔子扶起子路道："你给老师寻求食物是仁爱。母鸡牵挂小鸡是母爱。母爱是世间最崇高的爱，我们应当予以尊敬。"后来，孔子周游列国时，常常说起这个故事，劝人为善。长久以往，在民间就形成了不吃抱窝的老母鸡的习俗。畲族也不例外。① 这则故事通过孔子的故事来告诉子孙不杀不吃抱窝的母鸡的缘由，好让子孙世代遵守不杀不吃抱窝的老母鸡的习俗。《臭摄》的故事对破坏自然的行为进行了鞭挞。传说明朝正德年间，福安县的林洋村本来是个山清水秀的畲族村，畲族人民年年酒满坛，谷满仓，过着幸福的日子。有一天，来了一头修炼千年的九尾鲤鱼精，跑到林洋山上吸吮稻汁，摄走人气，并散发出一股臭腥味，闹得该村

---

① 参见钟伏龙、林华峰、颜素开、陈银珠：《闽东畲族文化全书·民间故事卷》，民族出版社 2009 年版，第 353—354 页。

瘟疫流行，土地干旱，畲村被糟蹋得一片凄凉。村里有个木匠，农忙回家种田，看到田里缺水，就翻山越岭找水播种。在找水的途中，他救出了被鲤鱼精打入土牢的蛤蟆精，蛤蟆精为了感谢他的救命之恩，送给他一条金钗，叫他用金钗雕一条木龙，镇住鲤鱼精，化解畲族的这场灾难。木匠回家后，用金钗在大雄宝殿中梁上雕了一条木龙。大家烧香拜佛祈求下雨。正巧，正德皇帝游江南时路过林洋，看见了大梁上鲜活的木龙，唯独脚上差一个爪，就提笔点上一只爪，顿时木龙飞上天，吞云吐雾，雷电交加，下起了大雨。一连下了三天三夜，旱灾解除了。雨过天晴，才溪畔出现了九座山头，乡亲们称之为九鲤峰。鲤鱼峰上长出一种味道有点臭腥的叫作臭摄（也叫鱼腥草）的草，据说那是鲤鱼精被木龙制服之后，把往年从山上摄去的精华全部吐还给人间。林洋村又恢复了往日的生机，这株臭摄草，也成为畲族人民解暑的良药。[①] 这则故事说明了畲族对于破坏自然的行为不仅痛恨，而且还要与其斗争到底，直到最后的胜利。畲族传统文化中存在着浓郁的善待自然的思想，畲族人民以破坏自然为可耻，把破坏自然的行为视为恶行，这种意识将在维护自然的完整稳定中发挥持久而重要的作用。

[①] 参见钟伏龙、林华峰、颜素开、陈银珠：《闽东畲族文化全书·民间故事卷》，民族出版社 2009 年版，第 364—365 页。

第三章　敬畏自然

　　畲族在与大自然的交往中尊崇"万物有灵论"。畲族在历史上曾经长期从事着刀耕火种，辅之以狩猎和采集活动的原始农业生产，对自然的依赖性决定了畲族崇尚万物有灵的思想。[1] 正如马克思主义认为，人类对自然万物的依赖造就了人类对自然万物的崇拜。人类在生存和发展的过程中，把给予自己支持和帮助的自然万物，都作为自己的崇拜对象。[2] 畲族的先祖们给一切生物赋予了灵魂，通过图腾、巫术、自然崇拜等方式予以呈现。先祖们深刻地认识到大自然是万物的父母，人类作为自然界中的一员，起源于大自然，是从某种自然物长时间演变而来。先祖们甚至将自然界与自然物加以神化，形成了对天地、山林、

---

[1] 参见雷伟红：《畲族生态伦理的意蕴初探》，《前沿》2014 年第 4 期。
[2] 参见马克思：《马克思恩格斯选集》第 27 卷，人民出版社 1972 年版，第 63 页。

树木、石头等自然物的崇敬与忌讳。

第一节　敬畏天地与火

一、敬畏天地

敬畏天地是畲族敬畏自然的重要内容之一。畲族对天地的敬畏是从对有形空间"至高无上"的直观感觉的实物崇拜发展到对天神、地神的神灵崇拜。

在多样的自然崇拜中，畲族最崇拜天。每年大年三十下午，浙西南畲族要在天井上摆放桌子，桌上摆放点燃香的香炉和供品来祭天。[①]广东潮州凤凰山畲族在正月初一，也就是农历新年第一天的凌晨，家中所有人都很早起床，子孙们在长辈的带领下，打开大门，举行祭祀天神和祖先的活动。在门外东处插香点烛，焚烧一些银纸之后，把棕衣铺在地面上，大家跪在棕衣上，朝东拜"东土大王"，说一些吉祥的话。祭祀天神之后，还要祭本家的祖先。[②]福州畲族有敬天的习惯，农历正月初九这天清晨，要以茶、酒等供品祭拜其诞生。在重要的节日里，祭拜诸神之前，要先在厅堂大门外设的"天地炉"中点燃香祭拜。

---

① 参见雷伟红：《畲族生态伦理的意蕴初探》，《前沿》2014年第4期。
② 参见石中坚、雷楠：《畲族祖地文化新探》，甘肃民族出版社2010年版，第309页。

夜间点"天地灯"，为巡逻的天神照路。罗源畲族有谢天习俗，要举行谢天仪式。仪式中的供品有用夏收中第一天收到的稻谷碾成米，并把它蒸煮成米饭，还有蟹、鱼、蛏，寓意依靠天，摆放在露天处的供桌上，谓"请天神"。畲族人民在生病的时候，也会祈求天神消灾降福。①贵州畲族对天的崇拜，主要体现在中秋节供奉月亮神上。农历八月，早稻已经成熟，当地人把它做成糯米糍粑，专门供奉月亮神。供奉月亮神之前，先将庭院打扫干净，在庭院中间摆放一张整洁干净的方桌，铺上桌布，在桌子中间放置一个装满米的香斗，在香斗的米里插上三支土香，旁边摆放四碗供品，分别是糯米糍粑、糖点、水果和饼干。供品少的人家，只有三炷香与几块饼而已。主家对着明月祝祷："月亮出来亮堂堂，果品敬奉请来尝。新米新做糍粑饭，保佑我家得安康。"祝祷完毕，再焚香化纸，程序至此结束。②广东潮州凤凰山区畲族村庄中秋节有拜"月娘"、游"月娘"的习俗。晚餐后，在能看见月娘的天井或门前，妇女们摆上桌子，铺上桌布，摆上云片糕、洁净的水果、月饼和蒸熟的芋头，并在这些供品上张贴形形色色的红色纸制吉祥物。接着，点燃红蜡烛，焚烧高香，待月娘挂在中天的时候，向月娘祈祷，祈求天下太平，合家美满、幸福。这就是拜"月娘"的习俗。中秋夜前夕，家长们把竹子劈成细篾，用细篾、毛边纸和蜡烛等材料制作一

---

① 参见福州市地方志编纂委员会：《福州市畲族志》，海潮摄影艺术出版社2004年版，第436页。

② 参见何林超：《黔岭山哈嗣·畲族》，贵州民族出版社2014年版，第85—86页。

轮"月娘"模样的灯笼。中秋夜，孩子们点上"月娘"灯笼，扛在肩上，在朦朦胧胧的乡间游玩，远远望去好似月娘下凡间。这就是有趣的游"月娘"。[①]

畲族认为土地是孕育生命的母体，所有的生命都根植于土地，因此，畲族对土地非常崇尚，把土地视为神灵，祈求它造福乡里，保护农业。由于"五谷神"能够看护各种农作物，除病虫灭瘟害，保障五谷丰收，因此，在农业生产活动中，畲族人民常将它与土地神一起来祭拜。从浸谷种、插秧到收获新的谷物，都要置办供品，焚香叩拜，祭祀"五谷神""土地神"。在浸谷种催芽的时候，焚烧香纸，祭拜"五谷神"。播种的时候，要在田埂上烧香纸祭拜"五谷神"，请求神灵保护秧苗茁壮成长。插秧的时候，供奉一小块猪肉、一盅黄酒和两个熟鸡蛋，烧香拜祭"五谷神"和"山神土地"。收获谷物后，要选择一个好日子"尝新米"，置办熟肉、熟鸡、一盅黄酒及一碗煮过的插有三把稻穗的米饭四个祭品，先谢天地，祭祖宗，再祭"土地公""五谷神""土地婆"。祭祀完毕，将一部分祭品喂牛后，剩余的食品由家人分享，还可以邀请亲朋好友欢聚一堂，庆祝丰收。[②]福建上杭畲族人民在每年惊蛰时节，浸谷催芽拜"五谷神"时，稍有不同。他们要炒糖米来祭拜。到小河里浸泡谷种的时

---

① 参见石中坚、雷楠：《畲族祖地文化新探》，甘肃民族出版社2010年版，第315—316页。
② 参见施联朱：《畲族》，民族出版社1988年版，第132—133页。

候，要焚香、烧纸及挂纸钱。①有的畲村由各户捐资，在农业生产的重要时节，置办猪肉、鱼、果子、鸡蛋、红酒、茶水、红烛、冥纸钱等三牲福礼，到村里的土地庙，祭拜神灵，保佑农事活动顺利。祭祀结束后，按户分得享用福礼，俗称"做福"。每次"做福"的时候，都有一个组织者，称为福首，由村中每户人家每年轮流主持。正月初一、初四日或正月初五，为"开正福"，祭拜神灵，目的是祈祷新的一年里有个好兆头。农历二月初二做"土地福"或"春福"，早上把猪头等供品摆放到土地公庙中，祭拜土地神，请求土地公保佑大家在新的一年中，春耕活动顺利进行。祭祀结束后，每户可以分到一小块猪头肉。这一天，禁忌到田地里耕作劳动，忌讳锄头等铁制用具挖到土地公的头，否则会导致农作物减产或歉收。②农历四月立夏日为"立夏福"，庆祝夏粮收成。有的畲族民众还要拿麦子换面吃上一餐。端阳节前后，或农历五月三十日，为"保苗福"。这时候晚稻已经栽秧，番薯苗已经种上，祈求神灵保护庄稼免受病虫害、兽灾、旱灾等各种灾害，以便使禾苗能够苗壮成长。③有的畲族村落要择吉日举办隆重的活动，请来木偶戏班到村里演出。做"保苗福"前夕，全村都要搞一次大扫除；"做福"那天，福首要到每户收集一斗福米和两元福钱。用福米制成一个个长方

① 参见麻健敏：《试论福建畲族民间信仰的特征及其文化内涵》，载福建省炎黄文化研究会：《畲族文化研究》上册，民族出版社2007年版，第32页。
② 参见颜素开：《闽东畲族文化全书·民俗卷》，民族出版社2009年版，第64页。
③ 参见《福安畲族志》编撰委员会：《福安畲族志》，福建教育出版社1995年版，第683—684页。

形的饭团，叫"福糍"，用福钱买回猪肉、纸钱、香烛，摆放在村的宫庙里祭祀神灵。各家也要到庙里焚香秉烛，祭拜神灵。等到香残烛灭后，把福糍和猪肉分给各户享用。农历七月立秋日，做"秋福"。这时期是农作物生长的关键时期，"禾怕秋来旱"，既要防范旱灾，也要做好病虫害、野兽侵害等防范，祈求神明保护，顺利过完这一季节。农历八月白露日，做"白露福"。这一时节是各种农作物相继扬花抽穗和台风不时登陆的季节，祈求神明保佑风调雨顺，农作物成熟，免受损害。立冬日，为"冬福"，做糍粑，杀鸡宰鸭，全家聚餐，吃汤圆，答谢神明保佑秋粮进仓。腊月三十日下午，为"圆满福"。用糍粑敬献，以最大诚意，感谢神明一年来的庇佑，才使得农作物获得丰收。①

因为五谷丰登对畲族人民的生存至关重要，因此，畲族人民除了在农业生产活动中祭拜土地神之外，还会专门供奉五谷神灵。农历五月二十五日为五谷神生日，家家备礼祭谢。部分畲族村庄还建有专门的五谷仙宫，其中以福安市潭头镇鹅山村、康厝畲族乡金斗洋村的五谷仙宫最具规模，并有数百年的历史和专门的祭祀活动。②霞浦畲族在稻谷丰收后，要举办"谷神节"活动。当地人认为稻谷有"谷神"，专门管理稻谷各期生长。每当收割完稻谷后，在堆放稻谷的"堭埕"边，举行谢神、庆丰收活动。在田头放置谷神剪纸或红纸条，摆上米饭、米酒，点

---

① 参见颜素开：《闽东畲族文化全书·民俗卷》，民族出版社2009年版，第65—67页。
② 参见缪品枚：《闽东畲族文化全书·民间信仰卷》，民族出版社2009年版，第25页。

香供奉，敬谢谷神后，人们在"榎埕"唱歌，庆祝丰收。水门一带畲族村庄却略有不同。主家在割完最后一丘稻谷后，备好自酿米酒、肉炒米粉，热心地邀请帮过忙的乡亲来参加庆祝丰收的活动。在田头摆放供品，敬过神后，推选青年男女各一名扮作"谷神""谷娘"，未婚男女都扮作"谷仙子"，且歌且舞，尽情狂欢。[①] 广东潮安县李公坑村在农历十月十五要过"五谷主节"。有谷仓的人家，打开仓门，以斗或筒装谷，插上香置于仓门，以稻穗、果及"三牲"拜祭，并在每个装稻谷的器具上插上香。[②]

畲族对土地特别崇拜，几乎每个村庄都建造有或大或小的土地庙，大的土地庙是一座面积十几到二十平方米的矮房，小的土地庙仅是用石头垒砌成的四方形，里面只放置一个香炉。畲族人民在逢年过节的时候都要到土地庙烧香，每年大年三十下午，在吃年夜饭之前，或者是在正月初一清晨，云和县山脚村畲族人民都会到设置在山脚的小型土地庙，点香，摆放米、豆腐等供品，祭拜土地公，祈求保佑今年一整年，风调雨顺，没有天灾、虫害以及兽害，粮食获得大丰收。每年农历二月初二为土地公、土地婆的生日，要祭祀，祈求五谷丰登、人畜平安。景宁大张坑在村尾建造一个土地庙。人们在每年的立春、谷雨、立秋和冬至四个节气都要去祭拜。该村村民被分为四个小

① 参见颜素开：《闽东畲族文化全书·民俗卷》，民族出版社 2009 年版，第 67 页。
② 参见《广东畲民识别调查》，载《中国少数民族社会历史调查资料丛刊》福建省编辑组、修订编辑委员会：《畲族社会历史调查》，民族出版社 2009 年版，第 45 页。

组，每个小组的组长由该组的每户人家轮流担任，组长负责集资、购买豆腐、年糕、豆子等供品，举行祭拜仪式，等等活动。在秋季祭祀的时候，还要将从稻田里收割回来的新米煮成米饭供奉土地，意味着"请土地公"品尝新米，以此感谢土地公的庇护。① 广东潮安县碗窑、山犁村在农历三月二十九日，要祭拜"田头伯爷"。以炒面、"三牲"在田头拜，请求保护农作物。中秋节，潮安县山犁村要用月饼、芋、鱼、肉祭拜"田头伯爷"，感谢它保佑之恩，使得农作物获得丰收。② 福州畲族人民还认为土地管理钱财，又称财神，而加以敬奉。正月初为土地节，祭祀土地，祈求发财。③

二、火的敬畏

火是一种自然现象，畲族先民对火先是恐惧，而后是崇尚。恐惧是因为火给人类带来了灾害。后来，畲族人民在劳动过程中发现火有刀耕火种、取暖、御兽、除虫等诸多功能，意识到火对人类生存的重要性。畲族神话《日神和月神》中一条大火龙把地上的火吸光了，人们过着没火的黑暗的日子。凤凰山上的钟郎去找火，在老爷爷的帮助下，他制服了火龙，火龙把火

---

① 参见方清云等：《藏木山中的畲族红寨——大张坑村社会调查》，华中科技大学出版社 2018 年版，第 104 页。
② 参见《广东畲民识别调查》，载《中国少数民族社会历史调查资料丛刊》福建省编辑组、修订编辑委员会：《畲族社会历史调查》，民族出版社 2009 年版，第 45 页。
③ 参见福州市地方志编纂委员会：《福州市畲族志》，海潮摄影艺术出版社 2004 年版，第 436 页。

都吐还给人们。钟郎为族人找回了火之后，不久就被三公主封为日神。这则故事说明畲族先民在远古时期就意识到火的重要性[1]，再加上火的诸多功能，因而他们崇拜火。

畲族人民对火的崇拜，突出的表现在对火塘的重视，为了保护火种长久不息，屋内都留有火塘。畲族人民长期从事刀耕火种的农业生产，居住在山区。山区天气寒冷，他们衣衫单薄，依靠火来取暖、照明，烧烤食物，除了炎热的夏天外，他们都时刻不离"火炉塘"。为保存火种，"火炉塘"常年不停火。[2] 特别是在大年三十夜（即除夕夜），全家吃完团圆饭后，每家每户都要在灶膛中燃起一段大而干燥的树根或木头，全家人和亲戚朋友围坐在旁长话家常。之后烟火不熄，否则会被认为是不吉利的，一直煨到大年初一，称之为隔年的"火种"，预兆来年大吉，能养一头大肥猪，因而也称之为"煨年猪"。[3] 火崇拜还在畲族结婚和丧葬仪式中有所体现。结婚仪式上，新娘、新郎必须跨过大门口的两堆火进入家门，预示着生活中的不祥兆头被烧掉后，生活会像火一样越来越好。在人死后举行的葬礼仪式中，家人要将死者的衣物与生活用具全部烧毁。福州畲族人民崇拜火神，古时候，山林一旦发生火灾，他们便烧香祈求火神帮忙灭火。民间半夜鸡叫，畲族人民认为是火灾即将到来，于

① 参见邱国珍、姚周辉、赖施虬：《畲族民间文化》，商务印书馆2006年版，第325—326页。

② 参见雷弯山：《畲族风情》，福建人民出版社2002年版，第108页。

③ 参见石中坚、雷楠：《畲族祖地文化新探》，甘肃民族出版社2010年版，第308页。

是请道士念咒，邀请火神帮助消灭火灾，还在黄纸上写一个"水"字，倒贴于厅堂柱脚下，称之为以水制火。[①]

第二节　敬畏山水和石头

一、山的敬畏

畲族人民居住在山区，吃用靠山，与大山结下了不解之缘。在畲族的敬畏自然中，对山的敬畏，包括对山的崇拜与对山的神灵崇拜，占据着重要的地位。由于高山山顶十分接近苍穹，人们在敬畏上苍的时候，也会情不自禁地仰慕高山。山中的动植物为畲族人民的狩猎与采集生活带来了丰厚的资源，促使畲族人民相信这是山的神灵所给予的赏赐，引发他们在崇拜山神的同时，也形成了许多必须遵守的保护生态环境和自然资源的规定。罗源畲族人民到山上砍树的时候，要供香烧纸，祭拜山神。每逢初二和十六这两天在山上干活，都要摆供品"做福"，祈求山神保佑。[②]广东潮州凤凰山畲族人民认为山上有山神，在山上干活的时候，禁忌直接叫同伴的名字，假若直接呼

---

① 参见福州市地方志编纂委员会：《福州市畲族志》，海潮摄影艺术出版社 2004 年版，第 436 页。

② 参见福州市地方志编纂委员会：《福州市畲族志》，海潮摄影艺术出版社 2004 年版，第 436 页。

叫同伴的名字，会让山神听到，晚上山神便会到被呼叫人的家中找事。① 江西省铅山县畲族人民逢年过节，都要祭祀山神。祭祀的时候，摆上鱼、肉、豆腐或麻糍果等供品，供奉一番，点上三炷香、烧些纸钱、燃放鞭炮即可。② 畲族人民还有祭山喊山的习俗。浙江景宁畲族人民在早春开采茶叶之前，要到茶山敲锣祭山喊山，唤醒茶芽，使茶芽萌发生长起来，好让大家早点采到新茶，卖个好价钱。到茶山祭山喊山的头一天，参加的人都要沐浴。当日早上，要身穿干净的衣服，带上锣鼓。没有锣鼓的，带上能敲出声音的物件，直奔茶山而去。一到茶山，巫师在茶山的南面宰杀一只公鸡，把鸡血洒向茶山，嘴里念咒语，请求山神早日唤醒茶神，让茶叶早点萌发新芽，保佑茶农获得丰收和平安。而后，大家就敲响随身携带的能发出声响的东西，满茶山跑，一边敲，一边喊，顿时，锣鼓声、喊山声响彻大地，山谷回应，鸟雀惊飞，气壮山河。祭山喊山结束后，大家聚集在一起，烧鸡肉，磨豆腐娘，中午美美吃上一餐。③

二、水的敬畏

水是生命之源。畲族神话《日神和月神》中，一只大水鹰把地上的水吸干了，人们过着缺水的黑暗日子。凤凰山上的蓝娘去找水，在老婆婆的帮助下，她制服了水鹰，让水鹰把水都

---

① 参见石中坚、雷楠：《畲族祖地文化新探》，甘肃民族出版社2010年版，第296页。
② 参见铅山县民族宗教事务局：《铅山畲族志》，方志出版社1999年版，第227页。
③ 参见梅松华：《畲族饮食文化》，学苑出版社2010年版，第189—190页。

吐还给人们，为族人带来生命之水，后来蓝娘被三公主封为月神。这说明畲族先祖们在太古的时候就已经深刻地认识到水对于生存环境至关重要。^①尽管水与阳光、空气，构成了人类生存的必备要件，但是，水给人类带来的祸福大大地高出了其余的自然物。水不仅给人类带来很多好处，还给人类带来了很多灾害，促使人类对水的依赖与恐惧之心并存。畲族人民傍水而居，他们对水存在敬畏之心，主要表现为对掌管水的神灵的崇拜。第一位神灵是"平水王"大禹。他是一位治水的大英雄。面对着滔天洪水，大禹的父亲鲧用"堵"的办法治水未获得成功，大禹吸取了父亲治水未成功的教训，注重疏导，亲自到工地指挥，在外十三年，三次路过家门却从未踏入，治水终于获得成功，使得百姓可以在地势平坦的地带居住生活。闽东畲族人民把大禹奉为"平水王"，有三十多处供奉"平水王"大禹神位、神像的宫庙。像霞浦县盐田西胜、福安县溪柄虾蟆头村等少部分畲族村落建造了专门祭祀大禹的宫庙，如禹安宫、禹王宫、大王宫之类，大部分畲族村落是在该村宫庙的众多神像、牌位中供上一尊"平水王"，时常进行祭祀。^②武义畲族人民居住在山里，农田水利条件差，最怕干旱。他们把"平水王"大禹当作掌管水的神灵而予以信奉，敬奉禹王并祈求他"布施甘

---

① 参见邱国珍、姚周辉、赖施虬：《畲族民间文化》，商务印书馆2006年版，第325—326页。
② 参见缪品枚：《闽东畲族文化全书·民间信仰卷》，民族出版社2009年版，第26页。

霖，风调雨顺"，从而获得农作物的丰收。① 另一神灵为龙王雨神。由于龙王职司云雨，对主要从事农业耕种的畲族至关重要，因此畲族奉龙王为雨神，部分畲族村落还建造了龙王庙，供奉龙神，如霞浦县溪南镇白露坑村龙王宫就有龙王塑像。② 为祈求全年风调雨顺，保佑农作物获得丰收，畲族人民还要在夏至后的第一个"辰日"，举行"分龙节"活动。关于"分龙节"有个美丽的传说。从前，畲族有位名叫兰牛头的后生，是个拥有祖传百草秘方，手到病除、妙手回春的神医。有一天，当东海里掌管行云布雨的龙王来到县城游玩的时候，一只从天上飞过的乌鸦拉下粪来，恰好掉在龙王的头上，于是，龙王得了"烂牛头"的疾病，只有神医兰牛头才能够治好。龙王请兰牛头治病，兰牛头提出了治病的条件，那就是夏至日过后，龙王就要降雨。兰牛头治好了龙王的疾病，龙王也信守承诺。在夏至日后几天，畲族人民敲锣打鼓，迎接龙王布云施雨。龙王在天上分开龙身，均匀地将雨下到田里，需要雨水多的山垅田，下的雨就多一些。③ 畲族人民认为尽管龙专司云雨，但是龙是由玉皇大帝来分派，派到龙，雨水就多，派不到龙，就缺水干旱。并且龙还要尽职尽力，才能风调雨顺。因此，分龙那天，村中要张贴告示，

① 参见雷国强：《武义畲族民间信仰》，载政协武义县文史资料委员会：《武义畲族史料》，2006 年，第 99 页。
② 参见缪品枚：《闽东畲族文化全书·民间信仰卷》，民族出版社 2009 年版，第 21 页。
③ 参见《福建省少数民族古籍丛书》编委会：《福建省少数民族古籍丛书·畲族卷——民间故事》，海峡出版发行集团、海峡书局 2013 年版，第 275—277 页。

要求每户人家备好酒菜，祭天祭土地神。妇女不许在阳光下晾晒衣服，全村人不得使用铁器干活，以免误伤龙体，不许挑粪桶，不做秽事，以免冲撞神龙。许多畲族村落还利用节日，举行歌会，祈求分到龙，迎接龙的到来。[①]广东潮州凤凰山区畲族的"封龙节"活动则在农历三月三举行。在三月三这天，当地畲族人民不到田间劳动，不用铁器，不挑粪桶，而是在民间乐队伴奏的音乐声中，在本乡的祠堂或家庙中，焚香祷告祭神祭祖。而后，全村男女老少手举大旗，在阵阵鞭炮声和敲锣打鼓声中，走出祭祀堂，围绕着稻田走上一大圈，预示着国泰民安、人畜兴旺、风调雨顺、五谷丰登。[②]福州畲族人民每逢天气长久持续干旱的时候，要焚烧斗笠祈雨。当遇到长久持续降雨的时候，则焚烧破旧雨伞求晴。每年正月初一，家家户户不得到水井或河里等水源处挑水喝，目的是让龙王过个年，好好休息一天，初二到水源处挑水的时候，先要在水源处放置带来的香、元宝，之后打再水，称之为"向龙王买水"。[③]

每年农历六月到八月期间，如果出现干旱天气，农作物不能正常生长，畲族人民要请师公施法，祈求上天降雨，谓之"祈雨"。最常见的是求龙王降雨。先请师公选择吉日，在吉日前三天，全村男女老幼都要斋戒、吃素菜。在吉日那天，由师公

---

① 参见雷弯山：《畲族风情》，福建人民出版社2002年版，第135—137页。
② 参见石中坚、雷楠：《畲族祖地文化新探》，甘肃民族出版社2010年版，第311—312页。
③ 参见福州市地方志编纂委员会：《福州市畲族志》，海潮摄影艺术出版社2004年版，第436页。

与组织者到"龙潭"或"龙井"地方，请回"真龙"布雨。求"真龙"的队伍回到村里，师公就在村里的宫庙中搭起香案，摆上茶水十杯、酒十杯、果五样、菜五样这些供品，再请来上界神、中界神、下界神，辅助龙王降雨。在师公施法期间，如果真的降雨了，田间干旱得到缓解之后，再用大三牲福礼答谢各路神明，随后全村也解除斋戒。[①]

三、石头的敬畏

畲族居住的山区，有各种各样奇形怪状的石头。它们离畲族村庄或近或远，有的在十多里远的山巅上，有的就在半山坡，有的就在附近。不论如何，畲族流传着许多关于石头的动人故事。神话传说《大石母救人种》说的是在远古洪荒时代，在东海南岸山脚边有块大石母。在大石母附近的村庄中住着一对年纪较小的兄妹俩。兄妹俩每天都要到大石母边的草坪上放牛，邻近中午时分，都会取出随身携带的饭菜来吃。有一天，大石母开口说话了，请求兄妹俩分点饭吃，兄妹俩答应了。此后，兄妹俩放牛，每到中午吃饭时，都会把饭塞进石母的嘴里。一晃十几年过去了，兄妹俩长大成人。有一天，天空中突然向大地下起天柴，连下了三天三夜，接着又连下三天三夜的天油，一阵雷电产生的火星，点燃了天柴与天油，熊熊大火把大地、山川变成了火海，天火持续了七天七夜，兄妹俩在石母的帮助

---

① 参见缪品枚：《闽东畲族文化全书·民间信仰卷》，民族出版社 2009 年版，第 244 页。

下，躲进了它的嘴里，才得以逃脱火海。天火停息后，大石母张开了嘴巴，兄妹俩走了出来。他俩一直走到洞庭湖，才定居下来，并结成夫妇，生儿育女成为天下人类的祖先。这则故事说明了畲族人民感激大石母救了人类的祖先，对石头充满了崇敬之情。①闽东畲族还有石龟和石母娘的传说。宁德市柘荣县楮坪乡湾里、王家山两个畲族村庄后门山瓦楼岗，有一头石龟伏在一块大岩石的上面，石龟的背上被刀砍裂，石龟的腹下流着一窟清泉水。相传很久以前，这是头修炼千年的龟精，能呼风唤雨，三更半夜抓走畲家的羊与猪吃，后来又把在山上干活的人抓去吃了。山神土地官赶忙将此事上报天庭，玉皇大帝派遣天将来降妖除魔。龟精也不畏惧，从山洞爬到对面山的大岩石上，使出全身的本领跟天将对战，哪料自己根本不是天将的对手，天将在云头抽出降妖宝剑，指向龟精，只听"轰"的一声，石龟不仅吓出一身尿来，腹下流出了一窟水，而且腰背还被宝剑斩成两段，死在大石上。玉皇大帝又派了一名天将、两头狮子分别守在东南山和北向山上，赐了一面照妖镜，挂在西山上，从此，妖怪平息，百姓安居就业。宁德城北的金溪河畔上游，有一座"石烛山"，山上有一块直指云天的石头。传说很早以前，那里住着一对青梅竹马、情投意合的畲族青年夫妇。有一天，丈夫被县令抓走去北方建造万里长城，夫妻双方约定三年后团聚，可是丈夫一去五年仍没有任何音信，妻子依然每天都

---

① 参见钟伏龙、林华峰等：《闽东畲族文化全书·民间故事卷》，民族出版社2009年版，第25页。

上石烛山等待丈夫的归来。直到得知丈夫在修建长城时活活累死的消息后，她在石烛山上因过度悲痛而忧郁死去。碰巧观音佛祖云游到此，将她脱凡成仙，并把她的遗体点化为石头，成为"花烛石"，人们亲切地称之为"石母娘"。许多畲族男女青年十分敬佩仰慕她，此后于每年的九月初九重阳节，不远千里来到石烛山的"石母娘"前，瞻仰凭吊，对唱畲族山歌。[①]此外，畲族还有许多关于石字地名的传说，如"石壁峡""十八石""美人石""石蛤蟆""石灯笼""望夫岩"等；有着关于石头的生活故事，如"石母人""石牛"等。

畲族惊叹于大自然鬼斧神工的力量，对遍布周边的各种奇异石头不仅赋予其各种美丽动人的传说，更是对其充满了感激和敬畏之情，因而加以崇拜。闽东畲族流传着巨石演化出精灵的传说，人们将那块巨石视为神灵加以供奉。福安市潭头镇小坑村，村民把一块巨石奉为"石母"，村内一旦有小孩出生，父母来求它寄名，倘若家里有母猪生猪崽的时候，主人来求它，祈求保佑小孩与猪崽平安长大。畲乡的石头神灵神力十足，福安市社口镇谢岭下村，有一块高 2.5 米、宽 1.5 米的巨石，名叫"老虎嘴"，据说夜晚它会驰骋到穆阳打猎。霞浦县境内畲族村庄的岩石因形状各具特色而负有盛名。盐田磨石坑村后山有一块圆形石，石中纹样呈八卦形，被称"八卦石"，崇儒乡上水村有一块名曰"石壁公"的岩石，溪坪村口对面的山上有一尊

---

① 参见《福建省少数民族古籍丛书》编委会：《福建省少数民族古籍丛书·畲族卷——民间故事》，海峡出版发行集团、海峡书局 2013 年版，第 239—240 页。

"观音石"。霞浦县牙城镇茶坑洋边村有一块高5米、宽2.5米的长方形巨石，石头前面左右两侧各有一株松树、楮树，这两株树木树枝缠绕，犹如一把大伞覆盖在石头上，村民形象地把这块巨石称为"皇帝石"，对其十分崇拜，在全村200多人中，约有一半人的名字都有一个石字。霞浦县盐田乡西胜长岗村米柯岗上有一对石笋，高约2.4米、宽1.2米，名叫"老婆石"，村民在"老婆石"前面建有楼，便于乡民叩拜休息。每年正月初一到元宵节期间，许多生了小孩的畲族青年夫妇，会向"老婆石"寄名，在以后的每年春节期间，都必须向"老婆石"焚香祭拜。在崇儒路口进入溪坪村村口，有一块形状如弥勒肚的巨石，高约11米、宽11米，名叫"弥勒石"，弥勒石上刻着"大清顺治辛丑（1661）冬月季，钦命总督福建少保兼太子太保兵部尚书御史李、御参院右副都"等文字，"弥勒石"下面设置香炉与石案桌等，足见乡民对这块石头的崇拜至少有300年文字记载历史。在水门乡茶岗溪尾村，东向牛牯山上，有一块原先是菱形的石头，据说被雷电劈成互相对峙的两块石，高约12米，彼此间相距2米，当地人称为"石人公"。为了提高灵石的知名度，村民在"石人公"前建立了一座面积约30平方米的宫庙，里面供奉"马仙娘"，使女神崇拜与巨石崇拜并存。闽东畲族地区还有其他的一些灵石崇拜，如福安市潭头镇峨山村有座小型的石公庙，溪柄镇虾蟆头村有一座面积较大的石公庙，周宁县咸村乡云门畲族村后山有一尊石狮雕像等。^①松阳县板桥乡金村的村头有块大石头，被奉为"石母"，上面写着"畲"字，在大石头的顶上，有一座用石块垒成的小庙，里面供有香火。逢春节、正月初八、三月三、六月六、九月九等节日，村民都会来这里点香祭拜，求它保佑他们平安。村里小孩出生求它寄名，母猪生崽求它保佑，还有一些人取名用"石"字。^②

第三节　敬畏树木和竹子

在畲族人民的历史发展进程中，诸如树木和竹子等植物是一种自然存在，给畲族人民的生产生活供给了原料。由于物质资源有限，畲族人民通过对植物的敬畏表现出对美好生活的向往。

一、敬畏树木

在畲族这个山地少数民族的传统文化中，对树木的敬畏处处存在。畲族人民之所以对神树产生崇拜、敬畏和祭祀，是因为畲族人民在心中早已经将神树和诸多树木当作是和他们的生活发生密切联系的事物。畲族人民讲究风水，会在村庄的村头种

---

① 参见缪品枚：《闽东畲族文化全书·民间信仰卷》，民族出版社 2009 年版，第 13—
　17 页。
② 参见雷伟红、陈寿灿：《畲族伦理的镜像与史话》，浙江工商大学出版社 2015 年版，
　第 152 页。

植树木，名曰"风水树"，将之视为神树而加以崇拜。他们认为神树能保佑村寨和村民的安全，破坏就会遭到惩罚。禁止任何人做有辱神树的事情，如在树脚周围大小便。一旦进入景宁畲族自治县东坑镇深洋村的村头，就会看到公路的两边，一边有一小片笔直的杉树，为"风水林"，另一边在小溪上建造了一座风雨桥，这些都是用来保护村寨的安全的。景宁畲族自治县大张坑村有 23 棵树龄为百年多的古树，被视为"风水树"，被明令禁止砍伐，现在更是被列入了古名树而加以保护。① 霞浦县溪南镇白露坑半月里自然村村口就有一株高大挺拔的风水树，这是一株有 300 多年树龄的古榕树。根据半月里村的族谱记载，清朝雍正年间，他们的先祖在这里建造了宅第、雷氏宗祠和龙溪宫。房子造好后，他们又在村口和屋后的山上种植了 5 棵榕树、许多竹子和果树，远远望去，这些房屋隐蔽在青山绿林之中。村口边的树木能够防止风沙侵袭，屋后山上的树林能够加强泉水的流量，使村庄中的空气十分清爽新鲜，先祖们常常把它们称为"风水"。为了保护和培育村庄的风水，家族定下了族规，要求大家保护好风水树，禁止砍伐。这条族规代代相传，大家严格遵守，并形成了保护风水树的意识，平常对它呵护有加，更不会去砍伐。据说后来人们在龙溪妈祖宫庙边修建了客房，客房曾经遭受到强台风的袭击而损坏，加之旁边的古榕树又伸展至房子里面，族人竟为了保护古榕树，而选择拆掉客房。

---

① 参见方清云等：《敕木山中的畲族红寨——大张坑社会调查》，华中科技大学出版社 2018 年版，第 11 页。

这些风水树的确给村庄带来了好运。[①]广东潮州凤凰山畲族人民有冬至节将"冬节丸"贴风水树的习俗。他们认为树是有灵性的，能够培育村落的风水，将村前村后的那些参天古树，特别是大榕树，视为风水树。由于风水树身系村落的安危，因而也享受贴"冬节丸"的待遇。在冬至节，将"冬节丸"（即汤圆）贴在村里的风水树上，祈求整个村落兴旺发达，六畜兴旺，人们生活幸福美满。[②]

畲族人民崇拜樟树，认为樟树具有生命力。在松阳县板桥乡金村，假若家里有个爱生病的小孩，父母要小孩认樟树为"娘娘"。小孩认樟树娘之前，父母要请畲族的师公选择一个黄道吉日。在吉日那一天，母亲要随身携带祭品，并牵着小孩来到指定的樟树下，在樟树树脚边摆上酒、肉、豆腐、纸礼、香烛等祭品，把一束小孩的头发与一些指甲塞进树缝，再在树干上贴着"长命富贵"红纸一方，行过叩首认母之礼，酒敬上三遍，告诉樟树孩子的家庭住址、父母姓名，认樟树娘的仪式结束，樟树娘就会保佑小孩健康成长。此后，父母亲都要在逢年过节时，备份祭礼到樟树边祭谢。[③]云和县崇头镇下洋村，坐落在半山腰，村内有两处遍布着茂密树林的小山丘，这些树林被视为神林，不许破坏。其中在一处小山丘上，一株古樟树树边

---

① 参见雷伟红、陈寿灿：《畲族伦理的镜像与史话》，浙江工商大学出版社2015年版，第154页。

② 参见石中坚、雷楠：《畲族祖地文化新探》，甘肃民族出版社2010年版，第319页。

③ 参见雷伟红、陈寿灿：《畲族伦理的镜像与史话》，浙江工商大学出版社2015年版，第152页。

有一座简易的小庙，重要的节日，畲族人民会在此处供奉香火。位于山村最高处的另外一株古樟树上挂了许多红丝带，这些红丝带是在过年的时候，很多外地的人特意来到这里，祈求樟树保佑家人平安而系在樟树上的。笔者到丽水市大港头镇利山村调研时，一进入村庄，就看到村口有一棵连理香樟树，枝叶茂盛，已经有 860 年的历史，虽历经风雨，依然在此忠诚地守候和保护利山村。古樟连理，犹如一对夫妻，执子之手，与子偕老，预示着夫妻恩爱、家庭和睦。即将结婚或已经结婚的人们，将其奉若神灵，系上红丝带，祈求自己与配偶及家人健康平安，夫妻同心同德、白头偕老。南平市延平区畲族人民崇拜古樟树，将古樟树视为神灵，在树前设有小庙，供奉香火。许多畲族人民还让小孩认树神为"契爸"，准备"七宝"，悬挂在树干上，为家中小孩祈福。①

广东畲族人民把树木视为神灵，潮州凤凰山畲族人民无论是生育还是养育子女，都会祈求"树神"呵护，每逢村中出现人和家畜患病或自然灾害的时候，村民们要烧香祭拜"树神"，祈求消除灾祸。②福建畲族人民认为拔地参天的巨树能显灵。福安市社口塔仔村有一株大树，被奉为"平水大王"，树下摆放香炉，供以香火。宁德市蕉城区上金贝村将一棵大树称作"林公大王"，建宫祭拜。霞浦县崇儒乡溪坪村有一棵银杏树，已有近 200 年的历史，被视为神树。霞浦县松港办事处五通侯王宫前的

---

① 参见南平市延平区畲族研究联谊会：《延平畲族》，鹭江出版社 2013 年版，第 149 页。
② 参见石中坚、雷楠：《畲族祖地文化新探》，甘肃民族出版社 2010 年版，第 290 页。

一株水松，被当作神树，加以祭拜。① 在客观上，树木崇拜由于拥有保障森林环境的功效，对区域环境的维护起到十分重要的作用。

二、敬畏竹子

浙江苍南畲族人民在大年初一有摇竹子或敲竹片的习俗。每年大年初一的清晨，家家户户开门放鞭炮。家中的小孩穿上新衣服，到竹林去摇竹子，祈求春天春笋长势良好，长得又多又快，同时也象征着家族人丁兴旺。或者小孩子手里拿着竹片，围绕着房屋敲打，驱除房屋附近的毒虫妖邪。② 浙江景宁畲族人民在正月初一也有摇竹子祈福的习俗。当日清晨，家长叫醒自家的孩子，陪同孩子到房前屋后的竹林里，摇竹子祈福。孩子选一根大毛竹，一边摇一边说："摇啊摇……伤风咳嗽往上摇，金银财宝往下掉！""摇竹娘……新年让我长，明年你我一样长。"摇竹蕴含着孩子健康快乐成长、家庭和美富贵的美好愿望。之后，回到家中，家长要煮两个鸡蛋给孩子吃，以示奖励。③ 广东潮州凤凰山的部分畲族村庄中，正月初一天刚亮时，小孩们争先恐后地跑到竹园中去摇毛竹。谁最先跑到竹园摇竹，谁最吉祥。小孩子初一摇竹子，既能祈求小孩像竹笋一样茁壮

① 参见缪品枚：《闽东畲族文化全书·民间信仰卷》，民族出版社2009年版，第18页。
② 参见中国人民政治协商会议浙江省苍南县委员会文史资料委员会：《畲族回族专辑（第17辑）》，2002年，第89页。
③ 参见梅松华：《畲族饮食文化》，学苑出版社2010年版，第73页。

成长，又可以促使春笋长得越发茂密，象征畲族人丁兴旺发达。[1]摇竹习俗的由来有个传说。相传古时，毛竹娘有春笋和冬笋两个孩子，他们母子经常遭到山角精的伤害。他们在与山角精做斗争的时候，春笋使劲地摇晃竹娘的身子，许多竹叶飞出，不仅将山角精的眼睛打瞎，而且还将它埋入深深的泥土中，使它变成了竹角马鞭，再也不能出来害人。因此，人们相信"摇竹娘"能够驱除妖魔和邪恶，也希望自己的孩子能像春笋一样勤快能干。于是就相沿成俗。[2]

　　贵州畲族人民有崇拜"竹王"的传统。贵州畲族人民认为"竹王"是人间最大最厉害的首领，是皇帝，也是他们生活中依赖与祈望的对象，因而加以崇拜。福泉市凤山镇不仅有"竹王""竹王园"的旧址，而且当地人民还保持着爱竹、敬竹的习俗。地势不论高低，他们都要在自住的房屋外面种上竹子，让竹子环绕住房四周，房屋内的中堂一角，也种有三五株小竹，称为"供竹王"。从远处张望，整个畲族村寨处处都有竹树环绕。竹崇拜也体现在贵州畲族人民的人生礼仪中。在小孩满月的庆典中，亲朋好友相聚游戏，经典的内容是暗寓生殖内容的"外婆竹马"。小孩如果多灾多病，也要傍竹作法，叫"栽花树"。[3]"花树"是竹子而不是树，栽种在心上而不是土里，用来陪护孩子的灵魂。确定"栽花树"后，师公先选好吉日，吉

① 参见石中坚、雷楠：《畲族祖地文化新探》，甘肃民族出版社 2010 年版，第 310 页。
② 参见叶成：《大年初一摇毛竹（外二则）》，《浙江林业》2012 年第 7 期。
③ 参见何林超：《黔岭山哈嗣·畲族》，贵州民族出版社 2014 年版，第 12 页。

日入竹林，挑选一株长势好枝丫齐整的小竹，焚香、点烛、祭告后取出小竹，备好刀头酒礼，举行请神仪式，求神入位降福。仪式结束后，师公请神进入"花树"，用神"栽花树"。把那扎满彩纸的"花树"移入孩子卧房的生旺位，祈求孩子像竹子那样，有着旺盛的生命力，顺顺利利地长大，长得又快又好。[1]老人体弱多病，要砍伐一根竹子，祈请"竹王"为他"扶禄马"。在丧葬仪式中，卦器是竹，丧棍用竹，高高挑起幡纸（"望山钱"）的也是竹……竹崇拜随处可见。[2]

---

[1] 参见何林超：《黔岭山哈嗣·畲族》，贵州民族出版社2014年版，第69—71页。
[2] 参见何林超：《黔岭山哈嗣·畲族》，贵州民族出版社2014年版，第12页。

第四章　关爱动物

畲族长期从事狩猎业，狩猎业在畲族的生计方式中占据着重要的位置。特殊的生活环境把畲族人民与动物紧密地联系在一起。从自己的思想和情感出发，畲族人民认为世界上的万事万物与自己一样，都有思想和感情；他们还赋予了动物和人同等的"人格"，不仅把动物和人放在同等重要的地位，而且还把动物作为"家庭成员"对待。畲族人民对待各类动物的观念是关爱。动物按能否被占有，分为饲养家畜和野生动物。因此，关爱动物又分为关爱饲养家畜和关爱野生动物。

第一节 关爱饲养的家畜

一、关爱猪

畲族人民爱猪，善待猪，把猪当作家人来看待。刚出生的小猪，就被畲族人民视作自己的小孩，文成畲族人民就要给小猪做"三旦"。当母猪生下小猪的第三天，主人要为小猪做"三旦"。这一天，主人早起做麻糍，把麻糍做成长条圆形，像猪舍的栏杆，有几头小猪就做几条猪栏杆。而后，在猪栏间摆祭，焚香烧纸，祈求吉祥、生财。还要准备一份祭品到地主庙祭拜，祈求地主爷保佑猪仔好养，快快长大。这一天，要用红糖、鸡蛋、红酒等富有营养的物品，喂养母猪。[1] 畲族人民认为红糖、鸡蛋、红酒对身体有滋补的作用，是畲族产妇坐月子的时候所食用的东西。他们用红糖、鸡蛋、红酒作为母猪的食物，足见畲族人民把母猪当作产妇来对待，他们对生了猪仔的母猪极其厚爱，要用这样的物品饲养母猪三到五天不等。之后在小猪仔吃奶期间，用米饭混合猪草喂养母猪。一个月后，给猪仔单独喂养稀饭，直至出售。猪居住的地方，称为猪舍，畲族人民要单独建造，建造形式与住房差不多。广东畲族在 1955 年的时候，有的人家的猪舍是一座比较小的矮房子，盖在住房的前后

---

[1] 参见文成县畲族志编撰委员会：《文成县畲族志》，方志出版社 2019 年版，第 271 页。

或左右，住房较大的人家，猪舍设在室内。①浙江畲族人民建造的猪舍，地点都在自家房屋的附近，但条件不一，有的较简陋，盖一间面积不大的矮房子，条件好点的人家，特别是养猪比较多的人家，会专门建造一座上下两层的房子，第一层养猪，第二层用来堆放稻草和其他一些杂物。无论猪舍的条件简陋与否，他们都尽量为猪提供一个较干净舒适的栖身场所。猪圈保持干燥和洁净，有的猪圈地面是用石块铺垫，上面铺些干燥的稻草，猪睡在稻草上。畲族人每隔一段时间给猪更换新的稻草，到了冬天，更要在猪栏内给猪多垫三层草，保障猪能平安过冬。同时定期清理猪圈里的稻草，把它堆放在一间专门摆放肥料的房子里。有的猪圈是水泥地面，地势由高到低倾斜。每隔个把月时间，畲族人民会定期清理猪的粪便，以便保持地面干净。

为了能够饲养一头大猪，广东凤凰山畲族在农历正月十六夜有"搬田泥"的习俗。搬来田中黏性好的泥，堆至猪圈前，按照大家希望的猪的大小，来堆"田泥猪"的大小。于是，大家都将"田泥猪"做得大一些。堆好后，在"田泥猪"身上插"毛居"（一种蕨），一边插，一边说"插'毛居'，饲大猪"。插"多年"枝（一种多年生灌木），边插，边说"插'多年'，赚大钱"。插好后，摆上香案，祈求上苍降福，六畜兴旺，吉祥如意。由于猪是畲族人民重要的经济来源，在冬至节，要在猪圈中的柱子上张贴"冬节丸"（即汤圆），期盼小猪茁壮成长，家

---

① 参见《广东畲民识别调查》，载《中国少数民族社会历史调查资料丛刊》福建省编辑组、修订编辑委员会：《畲族社会历史调查》，民族出版社 2009 年版，第 42 页。

中六畜平安兴旺，畲族人民收入充裕。①

　　畲族把猪当作亲人看待，杀猪好似丧失亲人一样，"吃猪丧"如同为猪办理葬礼。在猪丧命之日或在杀猪之日，还存在着吃猪丧的习惯。在生活困难年代，特别是食物匮乏时期，畲族人民主要以野菜、番薯丝为主食，平常基本上吃不到猪肉。只在一年中的几个重大节日的时候，为了庆祝节日，家长才会上市场买点猪肉回家过节，或是把家里储藏的腊肉拿出来，切点肉末烧霉干菜或笋干，大家才有机会开开荤。差不多每户人家都养猪，至少要养一头过年猪。每年正月，畲族人民买来一头小猪仔开始喂养，直到腊月中下旬，开始杀猪过年。这头猪差不多喂养十来个月，主妇种植番薯和一些专门喂养猪的菜，还会在池塘里放养一些猪草，加上一些烧饭做菜的洗锅水和一些残羹冷炙，这头猪到年末最多 100 多斤。主人家杀猪的时候，找个屠夫，叫上亲戚朋友帮忙，大家都兴高采烈，十分热闹。大部分好一点的猪肉，特别是猪腿上的肉，主家拿去卖，小部分肉留给自家过年，猪头是要留下来的。过年杀猪是全村的大事，一家杀猪，忙活一个下午，尽管忙碌，但也是最快乐的时光。一到晚上，主家要请大家去聚餐，打牙祭。全村每户人家派个代表去吃饭，属于近亲的，则是全家人都去，杀一头猪，如同摆酒席，先到的人先吃，后到的人后吃。主妇一般用肥肉煎炸出猪油后，炒霉干菜或萝卜干，作为主要的菜肴。还有猪血汤，

---

① 参见石中坚、雷楠：《畲族祖地文化新探》，甘肃民族出版社 2010 年版，第 311、318 页。

用猪小肠炒霉干菜、时令蔬菜和半肥半瘦的猪肉。主妇热情地招待客人，面对桌上的美味佳肴，大家都很高兴地享用。吃完饭，大家还聚集在一起聊着家常。有小孩子的人家，主家还会让捎带肉片回去给小孩子吃。每年吃猪丧，畲族人民意犹未尽，一些上了年纪的畲族人民，一谈起吃猪丧，脸上都露出幸福的笑容，脑海中全是生活困难时期的美好生活回忆。到了20世纪80年代，杀猪请吃的范围缩小，杀猪的人家只请同房的人（近亲）去吃。后来大家生活条件好了，猪肉成为家常菜，村里养猪的人也越来越少，到现在，有的畲族村庄几乎没有人养猪，杀猪聚餐的习惯也就自然消失了。杀猪后留下的猪头也有妙用，在大年三十下午，人们要在锅里水煮猪头、猪肉，肉拿来食用，锅里的汤盛出来，放在一个大盆子里，等待自然冷冻后，成为一道美味的菜肴。一些肥肉，畲族人民用来炸油，用一个土罐子装好，来客人的时候，拿出来烧菜款待客人。平常，偶尔用猪油烧上一个菜，解一下想吃肉的馋，过一下瘾；或是用它来炒咸菜，让住校读书的孩子带去，吃上一个星期。

二、关爱牛

畲族是个种植水稻的民族。春季种植水稻时，需要用水牛来犁好田，才能够在水田里插下秧苗。秋天收获稻谷后，畲族人民会在田地里种上小麦、油菜等其他作物，这时候也需要牛来犁田。因此，畲族人民常年种田种地都离不开牛。牛是他们耕作的好帮手，几乎每户人家都养牛。他们对牛爱护有加。家里的母牛如果生下小牛后，他们就把母牛、小牛当作产妇和小孩来对待，犹如畲族"一家珍重是生孩"，他们对母牛和小牛格外地珍爱。在小牛诞生后的第三天，主人要为牛儿举办"三旦"。当日，主人宰鸡杀鹅，做豆腐，做麻糍，操办丰盛的酒菜，宴请亲朋好友和村里人，庆祝牛儿的诞生。给村里每个孩子分发麻糍，告诉他们自己家里增添了一头小牛，要求孩子们爱护和帮助饲养小牛。此后，孩子们对这头小牛就会格外地爱护。[1] 文成畲族人民在给牛做"三旦"的时候，还要祭拜土地神和本家祖宗，以示感谢。[2] 主人像对待产妇一样对待母牛，一连三到五天都给母牛喂养红糖拌米饭，还特意为母牛做一个前面单边削尖的毛竹筒，用来给母牛灌混合鸡蛋和红糖的黄酒，每天一次，连续三到五天，给母牛补养身体，直到母牛体力恢复为止。倘若小牛养大后可以犁田了，主人家就可以将牛卖给别人。等牛的买家踏入牛栏，来牵牛的时候，主人家的孩子站立在牛栏门口，举着鞭子想要阻止买家牵走牛。这时，买家取出早已准备好的一个"红包"（称牛出栏钱）递给孩子。孩子接纳"红包"后，拿出剪刀，将牛头和牛尾巴上的毛剪下一点放入牛栏里，在牛角上系一块红布之后，才依依不舍地让买家牵走牛。[3] 居

———————
① 参见中国人民政治协商会议景宁畲族自治县委员会、文史资料委员会：《景宁畲族史料专辑》，1989 年，第 48—49 页。
② 参见文成县畲族志编撰委员会：《文成县畲族志》，方志出版社 2019 年版，第 270 页。
③ 参见中国人民政治协商会议景宁畲族自治县委员会、文史资料委员会：《景宁畲族史料专辑》，1989 年，第 48—49 页。

住在山脚平坦之处的畲族人民，爱养水牛；居住在山腰的畲族人民，爱养黄牛。畲族人民养牛的方式有四种：一是散养，每户人家养头牛，每天会牵牛出去觅食；二是圈养，家里劳动力不足的时候，常将牛圈起来喂养，牛缺乏活动；三是纵牧，指牛圈建造在山上，牛在山上自由活动，白天吃草，晚间自动回圈，直到主家需要牛耕地了，才上山牵回；四是"牛班"。每户轮班，集中放牧。特别在寒假，早上，孩子们把牛赶进山坳后，可以玩各种游戏，烧红薯，烤糍粑，等到天快黑了，才把牛赶回家。[①] 在每年的耕作前后，畲族人民十分疼爱牛，用好酒好菜喂养牛。每天一大早，主妇就上山或去田边河边割新鲜的嫩草喂养参加劳动的牛，或者用红糖拌米饭喂养牛。等待牛耕完田后，会让牛在池塘里洗澡，歇息，晚上用毛竹筒给牛灌米酒，让牛吃好，休息好，养好精神，养足体力，以备明天好干活。在农忙期间，畲族人民会想方设法，用嫩草、用豆腐娘等各种牛爱吃的东西喂养牛，犒劳牛耕田的辛苦。每到秋天收割完稻谷后，家家户户都要整理田里禾稻的秸秆，将它们分别扎成一捆捆，晾晒，待干后挑回家，放在牛圈的第二层，防止其受潮霉变。有的就在稻田里，将一捆捆的秸秆堆积成一座小山丘，待需要用时，才把它们挑回家，作为牛冬天的主粮。也有的人家，在整理、收藏好秸秆后，还会在田地里均匀地撒些草籽，等待草长大后，将其收割、晾干，挑回家，作为牛的主粮。

---

① 参见何林超：《黔岭山哈嗣·畲族》，贵州民族出版社2014年版，第48页。

冬天，特别是到了下雨寒冷的日子或是下雪天，在牛无法出去觅食的时候，就用铡刀把秸秆或草切细，在上面洒点盐水作为粗粮喂养牛，让牛慢慢咀嚼，再从河边挑点水烧到温热，给牛喝。有的人家，把玉米等一些杂粮熬成糊糊，加一些米汤，撒点白糖，为牛补充热量。由于牛在较长时间都待在牛圈里，没有出来活动，骨骼容易软化，在无雪或无雨的傍晚，主家会牵牛外出走走，叫"游脚杆"。每隔十天半月，还用特制的箆子，给牛刮虱子。[①]同时，畲族人民长期与牛相处，懂得牛性，知道牛劳作的辛苦，每年都会给牛放几天假，保留着用牛的禁忌。农历四月初八是牛的生日，这一天清早，就放牛上山吃露水草，让牛歇息一整天，牛不用耕田。由于"立夏日，用牛耕田，牛蹄会蛀虫；夏至、冬至用牛，牛会瘫痪"[②]，因此，这三天，也是牛的假期。"春分不用牛，大暑、小暑不下田"[③]，"未过清明，下雨天牛不耕田"[④]，牛在这些时间段也不参加劳动。

不仅如此，畲族还给牛过节日。四月初八，是牛生日。这天清早，畲族人民要赶牛进山吃露水草，赶牛的时候，禁止棍打鞭甩。露水草又称为"天馒头"，倘若牛吃饱了"天馒头"，一年到头身强体壮，干活不劳累。[⑤]待牛吃饱后，牵牛到水边，给

① 参见何林超：《黔岭山哈嗣·畲族》，贵州民族出版社 2014 年版，第 50 页。
② 浙江省少数民族编纂委员会：《浙江省少数民族志》，方志出版社 1999 年版，第 324 页。
③《江西省畲族情况调查》，载《中国少数民族社会历史调查资料丛刊》福建省编辑组、修订编辑委员会：《畲族社会历史调查》，民族出版社 2009 年版，第 196 页。
④ 蓝朝罗：《平阳畲族》，2011 年，第 32 页。
⑤ 参见邱国珍、姚周辉、赖施虬：《畲族民间文化》，商务印书馆 2006 年版，第 30 页。

牛洗澡。用竹子制作的梳子，清除牛身上的污垢。同时，也要把牛圈清理干净，铺上干净的干草。牛洗刷干净后，把牛牵到洁净的牛圈，让牛好生休息。晚上，先用鸡蛋或泥鳅浸泡酒，用竹筒灌喂，而后又喂养米粥等精饲料，用来报答牛的耕作辛苦。喂养牛的时候，畲族人民唱着牛歌："牛角生来扁扁势，身上负着千斤犁，水牛做饭给人食，四月初八歇一时。"①这一天，闽东福安有"寻牛节"，关于寻牛节有个故事。从前，在牛池坪山上，有对畲族夫妇家穷，买不起牛，只能拿人做牛来拉犁开垦荒野，虽然早上鸡不叫就下地，夜晚星星亮了才回家，但是一年到头，一亩田也收获不了一担粮食。夫妇俩下定决心要拥有一头牛。他们从小事做起，先养一只母鸡，母鸡生下蛋后孵出鸡仔，鸡仔养大后成为大鸡，大鸡卖了买猪仔，猪仔养大成为大猪，换来了牛仔，牛仔养大成为大牛牯。夫妇俩对牛很珍爱，看得比自己的生命还贵重。有了牛后，可以开垦出大量的良田，生活逐渐富裕起来。山下有个财主，听说山上的夫妇生活好了，就带着一帮人来到夫妇家，要求交纳山租，硬要把牛抵作山租，拉牛走。牛通人性，不肯被拉走，便朝财主撞去，把财主撞向山崖。狗腿子见了便来拉牛，牛朝着山冈顶跑去，见到冈顶的天池，就跳了进去。夫妇俩见此情景，拿来一根竹竿，在天池里，打捞了一整天，什么也没捞着。到了第二天，却发现天池旁边长满了银色的青草，那头牛也化成了银子。

---

① 参见《福安畲族志》编撰委员会：《福安畲族志》，福建教育出版社1995年版，第685页。

从这以后，每年的四月初八，当地畲族人民都会来到山顶天池，沿着牛脚印寻找失踪的牛，到天池里捞银，还会在池边对歌，离开的时候采摘一些青草带回去预防疾病。他们渴望找到牛的心愿一直都不变。[①]福安市牛池坪附近的畲族人民在农历四月初八要过"寻牛节"，福鼎市硖门畲族乡瑞云畲族村也会在每年的农历四月初八，为庆祝节日，举办"牛歇节"活动。活动中，要举行盛大的歌会活动。他们邀请外地族亲回家来对歌，对歌的形式多样，有的"拦路盘唱"，有的在集合点盘唱山歌，还要对唱牛歌，有《放牛歌》《赶牛歌》《牧牛歌》《颂牛歌》《苦牛歌》等，其中《颂牛歌》赞扬牛不怕炎热不怕寒冷，拖耙拉犁，劳作辛苦，只需要干草充饥，但求五谷丰登；《苦牛歌》讲述无牛耕田，只得脚踩泥，人做牛来木作犁的艰辛生活。对歌活动热闹非凡。这一天，牛在家休息，非但不用劳动，不准人鞭打，人们还要把牛的身体洗干净，要给牛佩戴红花，要用上等食料制成"牛酒"喂养牛。畲族人民制作乌米饭，包"牛角粽"，设宴席招待亲朋好友。晚上，还要举行"火头旺"活动。把柴堆点燃，烧成篝火，大家围着火堆欢快地跳着，赶走一天的劳累。[②]为什么将四月初八定为牛生日呢？据说，古时候，田里只长五谷没有杂草，人们因太过清闲而惹祸，玉帝命令牛王到人

---

① 参见福建省少数民族古籍丛书编委会：《畲族卷——民间故事》，海峡出版发行集团、海峡书局 2013 年版，第 292—293 页。
② 参见许一跃、王峥嵘：《畲族牛文化漫谈》，载中国畲族发展景宁论坛编委会：《畲族文化研究文集》，民族出版社 2017 年版，第 494—499 页。

间，按照一定的距离播撒草籽，好让人们到田间除草。不料牛王把所有的草籽撒向人间，结果杂草丛生，田园荒芜，人们的日子过得很清苦。玉帝大怒，惩罚牛王，命令牛王永远滞留在人间，为人们拖犁耕作，以草为食。后来人们把牛王遭贬下凡的这一天，作为牛的生日。有的畲族村庄，为感谢牛为人们辛勤耕耘，为它修建"牛王庙"，把它奉为神灵来供奉。这一天，畲族人民要到"牛王庙"上香礼拜。①贵州畲族还要在农历四月初八这天，为牛喊魂。由于牛是在四月八日从天上下凡到人间的。牛在人间待久了，每到四月八日，就会想念天上，故要在牛魂尚未上天之前，赶紧把牛喊回来。于是，就有了"喊牛魂"的习俗。喊牛魂时，长辈要叮嘱孩子们，要孩子们今后好好地对待牛。要"忌牛脚"，牵牛去吃"露水草"，割芭茅嫩草，煮玉米，铡青草，和米糠喂它，不许打牛，不许骂牛。长辈教育孩子后，拿出鸡（鸭）一只、"刀头"一块，站在牛圈门前，开始喊牛魂："牛魂快回来，牛魂快回来，牛魂回家来。太阳落山了，你该回来了，年头年尾了，你该回来了。牛魂啊，你回圈里来，从你坐的地方来，从你睡的地方来，从你站的地方来，从你打架的地方来，从你玩耍的地方来。牛魂啊，从你吃草的地方来，从你玩水的地方来，从你喝过水的沟边来。牛魂回家来，粮食来喂你，糯谷来喂你，盐巴来喂你，圈神来护你，家神来护你。最嫩的芭茅草给你吃，最香甜的谷草甩给你。"②在喊

---

① 参见颜素开：《闽东畲族文化全书·民俗卷》，民族出版社2009年版，第64—65页。
② 赵华甫：《"四月八"——贵州畲族的牛王节》，《贵州民族报》2019年9月3日。

牛魂的过程中，喊魂者列举牛的功劳，指明牛在外巡游的危险，表示对牛的感激，而后主家安慰它、召唤它。喊魂词说完的时候，法师便要在牛圈四周的墙壁上用芭茅草扫刷，再退到圈外，杀鸡宰鸭，烧钱化纸，将血点在圈门、圈板上，最后再说一句颂词："牛魂回来了，祝贺主家大吉大利！"喊牛魂宣告结束。①农历七八月，开始收割稻谷后，畲族人民选择一个吉日，名叫"尝新米"，将第一次收割来的稻谷碾成米，把米煮成米饭，在祭祀神灵和祖先后，还要用新米煮粥饲养牛，表达了畲族人民对牛辛苦劳作的感激之情。②

　　牛是畲族人民的好朋友。畲族不仅在生产中离不开牛，在生活中也离不开牛。畲族男女青年结婚的时候，家庭富裕的娘家，用牛做嫁妆。在畲族的婚姻仪式中，存在着"用牛踏路"的习俗。畲族新娘从娘家出发，要赶在天亮前到达夫家。当遇到两个新娘同日出嫁，要同走一条路或同一段路的时候，通常是两家事先协商，让路远的新娘先走。由于新娘结婚都要图"新"，先走的新娘走的是新路，后面走的新娘在与先走的新娘同走一条路或同一段路的时候，就是旧路，这是非常不吉利的。浙江景宁畲族有个特别的办法是，用一头牛角上系着红布的黄牛在前边踏路，牛踏过的路就是新路了，后走的新娘就可以走新路了。"用牛踏路"习俗的形成有个传说。从前，在某个畲族村通往外村的路口，住着一个好色的恶霸，专门拦路强抢新娘并

---

① 参见何林超：《黔岭山哈嗣·畲族》，贵州民族出版社 2014 年版，第 49—50 页。
② 参见邱国珍、姚周辉、赖施虬：《畲族民间文化》，商务印书馆 2006 年版，第 30 页。

施暴，让畲族人民苦不堪言。直到有一天，村里的一个小伙子要娶一位美丽的新娘，他想出了一个好办法。在一头勇猛的黄牛的牛角上系一块红布，由一个力大无比的小伙子牵着走在迎亲队伍的前面踏路。当迎亲队伍接过新娘走到村口的时候，恶霸已经挡在路口要强抢新娘。这时，走在前面的小伙子放开了黄牛的缰绳，在牛的屁股上猛抽一鞭，黄牛就直冲上去，用牛角把恶霸顶出几丈远，恶霸一命呜呼。新娘平安地到达丈夫家。从这以后，畲族就有了"用牛踏路"的习俗。① 畲族人民认为牛的歇息地是个风水宝地，并在此盖房定居。根据霞浦县溪南镇白露坑半月里村的族谱记载，其第三代祖先雷志茂是一位风水师，他曾拜师学艺三年，精通地理与奇门遁甲等数术，在当地以给人看风水而出名。清朝雍正年间，他要选择一块风水宝地来建造宅第，修建雷氏宗祠和龙溪宫，他看过很多地方，但最终都无法决定下来。一次偶然的机会，他遇见自家放养的一头牛，这头牛回到牛栏后，常常跑到一块空地上去休息，而那块空地冬暖夏凉。出于对这位忠实伙伴的深厚感情，他认定牛休息地为风水好的地方，于是在此建造宅第，修建雷氏宗祠和龙溪宫。②

　　畲族人民爱牛是出名的，福建闽东许多畲族村庄都喜爱以牛来命名，有"牛埕下""牛三湾""牛石板""牛池坪""牛胶

① 参见梅松华：《畲族饮食文化》，学苑出版社2010年版，第233—235页。
② 参见雷伟红、陈寿灿：《畲族伦理的镜像与史话》，浙江工商大学出版社2015年版，第154页。

岭""牛大王"等，直接表达了对牛的热爱和崇敬。① 除了牛的村名之外，还有牛的谚语和歇后语。前者如"种姜养牛，什么都有""牛牵鼻，人服理"，后者有"牛角上挂稻草——轻巧""九牛失一毛——不在乎"。② 畲族人民之所以爱牛，是因为牛是护佑人的功臣。贵州畲族有一个传说，讲述牛护送谷种有功的故事。远古的时候，人与雷斗，雷公先发大水，后烧大火，将人间的粮食种子全部毁坏。争斗到最后，人都死了，仅剩下一双儿女。为了活命，兄妹俩就叫上鸡、狗、猪和牛，渡过天河，到天上雷公家的晾晒坝上去偷稻谷做种子。鸡先飞了过去，见到粮食，埋头就吃，被雷公发现，赶了回来。可惜鸡只饱了自己，没有带回种子。接着，会游泳的狗、猪、牛，一起下水游了过去，趁雷公不备，用湿漉漉的身子在晒坝上打滚。后来被雷公发现了，拿着竹竿赶来，猪、牛、狗赶紧跑，到了天河边，牛看见天河水深浪大，知道护送谷种艰难，便让狗坐在它的肩头，让猪独自游过天河，牛游泳的时候，尽量将头和尾巴露出水面。当猪、牛、狗都游到人间的时候，河水冲走了猪、牛身上粘着的种子，只剩下狗的耳朵与尾巴上还粘着几粒种子。人见了欢喜，就当场计功行赏：狗与人一样，吃白饭，牛吃秸秆，猪吃糠壳，鸡就捡些漏在地上的饭粒吃。人考虑到牛的饭量大，

---

① 参见许一跃、王峥嵘：《畲族牛文化漫谈》，载中国畲族发展景宁论坛编委会：《畲族文化研究文集》，民族出版社2017年版，第494—495页。

② 许一跃、王峥嵘：《畲族牛文化漫谈》，载中国畲族发展景宁论坛编委会：《畲族文化研究文集》，民族出版社2017年版，第501—502页。

庄稼的秸秆最多，由于牛的功劳大，出于对牛的关照，安排牛吃秸秆。[①]正因为牛对人有功，畲族禁忌杀牛。畲族人民从不轻易杀牛，除了在牛摔伤或患病，确认没有生还机会的情形下，不得已才杀之。并且在杀牛的时候，家长会教育小孩要将两只手背在身后，以免使自己成为杀牛的帮凶。[②]

三、关爱狗

畲族人民爱狗是名声在外的。旧时，差不多家家户户都养狗。养狗的好处很多，它们是看家护院、看守畜群、巡山做伴、狩猎的助手。贵州畲族人民喜爱饲养名叫"白龙犬"的猎狗。"白龙犬"浑身雪白，聪明善跑，敦厚忠实，捕猎时奔跑速度快捷。在麻江县下司镇的畲族老一辈猎人的心中，"白龙犬"原是二郎神的座下神獒"哮天犬"，因受到蛤蟆精的操控做了伤天害理的事情，被罚在人间保护群众。相传畲族始祖把一个被孵坏的龙蛋丢入水沟，龙蛋变成了癞蛤蟆。癞蛤蟆看到兄弟姐妹们都成人为神，非常嫉妒，便下定决心，潜心修炼，成了蛤蟆精，危害地方生灵。玉帝命令二郎神跟随观世音菩萨下界收服蛤蟆精。二郎神发现古麻哈州东乡下司地界到处都是妖孽蛤蟆，便抡起三尖两刃刀一路狂挑猛砍，哮天犬也一路活剥生吞蛤蟆，包括蛤蟆精，最后把蛤蟆消灭干净。为防止蛤蟆精复活，

① 参见何林超：《黔岭山哈嗣·畲族》，贵州民族出版社2014年版，第50—51页。
② 参见梅松华：《畲族饮食文化》，学苑出版社2010年版，第53页。

二郎神命令哮天犬留下来监视。若干年后，在哮天犬肚子里的蛤蟆精修炼还魂，顺着血流转，遍布哮天犬的体内。蛤蟆精用暗咒迷惑了哮天犬的神性，导致其破坏禁令、迷乱心性，由此操控了哮天犬。哮天犬违背了自己的职责和二郎神的命令，大开杀戒，做了许多伤天害理的事情。二郎神、观音菩萨得知后，一起来问罪，讨伐堕落的哮天犬。哮天犬慌忙向荒山野岭逃窜，观音菩萨发现后，施法把哮天犬体内的蛤蟆精逼出现形，二郎神眼疾手快，手起刀落，斩了蛤蟆精。直到这时，哮天犬才幡然醒悟，但为时晚矣。哮天犬要为自己所做的坏事承担责任，接受惩罚，被罚留在当地，保护群众，不许回天庭。哮天犬决心痛改前非，于是催动法力，在本身雪白的绒毛之外，又长出了一层坚硬如刺的硬毛，人们称它为"虎须狗"或"白龙犬"。此后，"白龙犬"谨守本分，捕猎时奔跑速度极快，沉默寡言，追逐猎物，与猎物搏斗，都很少发出声响。一旦发声，就是发现了猎物给主人报信，或是捕获了猎物，告知主人速来收拾。[1]它是畲族人民狩猎的好帮手。

猎犬在狩猎中的功劳是不可替代的。在狩猎过程中，无论是个人狩猎还是团队狩猎，都少不了猎犬的帮助，尤其是个人狩猎，更需要这个得力助手。猎犬不仅勇猛机灵，而且颇通人性，在狩猎中屡建战功，深得主人的爱戴和赏识。白天上山行猎，猎犬一旦发现野兔之类的小猎物，便紧追不舍，将其抓获，将

---

① 参见何林超：《黔岭山哈嗣·畲族》，贵州民族出版社2014年版，第57—59页。

猎物叼给主人。当遇上豺、豹、野猪等猛兽的时候，猎犬一边密切关注猎物的动向，一边高声吼叫，呼唤主人和同伴。待其他猎犬闻声赶到后，猎犬们会联合起来，团团围住猎物，并寻找机会出击。当猎人听到狗叫声赶到时，猎犬会自动让出一条通道，待猎手入围后又将通道封死。当猎手们用鸟枪射击猎物后，猎犬们会朝猎物猛扑，奋力撕咬猎物，哪怕受伤也从不退却，直到将猎物捕获为止。[1]每当夜深人静的时候，猎犬也会独自上山捉拿猎物，并且会有所收获，咬住山鸡、野兔等猎物回家，这就是俗话所说的"咬暝"。[2]

狗是畲族人民忠实的朋友，不会欺贫爱富，白天帮助人们上山打猎，夜晚帮助主人看守家园，捕捉老鼠，深受畲族人民的爱戴。他们不仅在日常生活中对狗关爱有加，让其与人一样，享用米饭和鱼肉，有的畲族村庄还将白狗视为灵犬将军来供奉。宁德市蕉城区洋中镇溪旁村有一座忠烈王宫庙，宫庙内供奉一尊灵犬将军塑像。这座忠烈王宫庙是专门为祭祀唐五代宁德二都飞鸾人黄岳而建造的。据说黄岳乐善好施，在当地享有盛名，王审知窃号闽王，强迫黄岳到其帐下，黄岳誓死不从，投水自尽，黄岳家的白犬也一同赴水而亡。后世封黄岳为忠烈王，建忠烈庙祭祀。白犬也被奉为灵犬将军，做了一尊灵犬将军塑像。霞浦县溪南镇白露坑村也有祭灵犬将军的习俗。[3]更多的畲族人

---

① 参见铅山县民族宗教事务局：《铅山畲族志》，方志出版社 1999 年版，第 234—235 页。
② 参见石中坚、雷楠：《畲族祖地文化新探》，甘肃民族出版社 2010 年版，第 209 页。
③ 参见缪品枚：《闽东畲族文化全书·民间信仰卷》，民族出版社 2009 年版，第 24 页。

民忌讳直接呼狗，禁止杀狗和吃狗肉。为避讳，称狗为"乌嘴"或"尖嘴"等。^①广东省有的地方的畲族人民称狗为"犬"，或称"龙犬"。饶平县水东村畲族人民称狗为"龙"，按狗的毛色，白色叫"白龙"，黑色叫"乌龙"，黄色叫"黄龙"，等等。在狗自然死亡后，人们会把狗掩埋。南雄市畲族人民在狗死后，要给死狗的头上佩戴一个纸帽，帽子的边沿镶上一个圆圈，将它葬入泥土里后，浇上水，用来超度再生。^②畲族禁忌打豺狗吃。豺狗是猎人的好助手，浙江景宁畲族人民从来不伤害豺狗，既不会打它，也不吃豺狗肉。猎人们在每次打猎的时候，都会用猎取的动物的内脏作为奖赏的礼物喂养豺狗，奖励它在狩猎中的功劳。^③据调查，广东饶平石鼓坪畲族人民在1935年之前忌吃狗肉，海丰的红罗村畲族人民在中华人民共和国成立之前禁止吃狗肉。罗浮山区嶂背乡畲族人民在1955年的时候仍然禁止吃狗肉。^④

① 参见石中坚、雷楠：《畲族祖地文化新探》，甘肃民族出版社2010年版，第299页。
② 参见广东省地方史志编纂委员会：《广东省志·少数民族志》，广东人民出版社2000年版，第292页。
③ 参见梅松华：《畲族饮食文化》，学苑出版社2010年版，第53页。
④ 参见《广东畲民识别调查》，载《中国少数民族社会历史调查资料丛刊》福建省编辑组、修订编辑委员会：《畲族社会历史调查》，民族出版社2009年版，第41页。

第二节　关爱野生动物

一、关爱和崇拜凤凰 [①]

畲族有关爱和崇拜凤凰的传统。畲族崇拜凤凰既是图腾崇拜，也是女性始祖崇拜。畲族祖图，这个畲族"族宝"上就有多处美丽的凤凰图案，鲜明地体现了畲族的凤凰图腾崇拜。"所谓图腾崇拜，就是某一族群相信与一种或几种动植物、无生物存在血缘关系，以其名作为族群的名称、标志或象征，并有种种信仰、禁忌和传说。"通常来说，当某一族群开始推崇某种动物或植物的时候，就要对该种动物或植物负有禁止杀、禁止吃并予以保护的义务。[②]畲族尊崇凤凰，源于凤凰是三公主的象征。畲族歌谣《高王歌》讲述了畲族的始祖龙麒平番有功，皇帝允诺三公主嫁给他为妻。"龙麒平番是惊人，第三公主来结亲，皇帝圣旨封下落，龙麒是个开基人。龙麒平番立大功，招为驸马第三宫，封其忠勇大王位，王府造落在广东……龙麒自愿官唔爱，京城唔掌广东来，唔受好田去作山，山场林土其来开。龙麒起身去广东，文武朝官都来送，凤凰山上去开基，山场土地

---

① 本部分内容大部分参考了雷伟红、陈寿灿：《畲族伦理的镜像与史话》，浙江工商大学出版社 2015 年版，第 156—163 页。

② 何星亮：《中国少数民族传统文化与生态保护》，《云南民族大学学报（哲学社会科学版）》2004 年第 1 期。

由其种。"①三公主聪明贤惠，宁愿舍弃皇宫的富贵生活，随夫携子来到凤凰山，被畲族奉为凤凰神，是畲族的"始祖婆"，在畲族人民的心目中有着极高的地位。各地畲族都流传着始祖婆的故事。相传畲族人民生了孩子，只要始祖婆抚摸一下孩子的头，说些吉利话，孩子不仅少患病，而且还长得又快又结实。畲族的祠堂里摆放着始祖婆的牌位，年轻人结婚的时候，新郎、新娘都要到祠堂跪拜始祖婆，祈求吉祥。畲族歌谣《祖婆歌》讲述了畲族山歌也因三公主而产生。"自从公主出生来，天上也有彩云带，地上也有百花锦，水会弹琴风会吹……第三公主真聪明，近山也知鸟啼音，山客歌言从此起，传流后代教子孙。"②在畲族的婚俗方面，新郎、新娘拜堂时，新郎要下跪，而新娘不跪，只行作揖礼。③足见畲族的凤凰崇拜同时也是畲族的女性始祖崇拜。

畲族的凤凰崇拜还体现在传说故事中。浙江丽水地区和建德地区的畲族人民中流传着一个关于凤凰的传说故事：据说有一天，有一只金凤凰飞到广东潮州凤凰山，白玛瑙被凤凰吃后，凤凰诞下一颗凤凰蛋，从凤凰蛋里跳出一个名叫凤哥的胖娃。凤哥被百鸟养育长大成人之后，杀掉大蟒，击败猛虎，历经了千辛万苦，娶龙女为妻，生育子女，就是畲族子孙。畲族人民

---

① 钟发品：《畲族礼仪习俗歌谣》，中国文化出版社 2010 年版，第 376—377 页。
② 雷志华、蓝兴发、钟昌尧等：《闽东畲族文化全书·歌言卷》，民族出版社 2009 年版，第 28 页。
③ 参见雷伟红：《从婚姻家庭看畲族妇女的社会地位》，《中南民族学院学报（哲学社会科学版）》1998 年第 1 期。

从此崇敬凤凰和龙，每逢传统节日，都要举办一场敲锣泼水拜祭祖先的活动。[①] 这个传说故事体现了畲族人民崇拜龙凤。

畲族凤凰崇拜最为典型的例证是别具一格的"凤凰装"。畲族女性的凤凰装是畲族传统服饰的最大亮点。关于畲族凤凰装的来源，有三种美丽的传说。第一种传说是：从前，一位畲族后生仔盘阿龙，居住在凤凰山上，父亲早逝，与母亲相依为命，依靠打猎为生。一天清晨，天蒙蒙亮，阿龙拿着火铳上了凤凰岗顶，在一棵树上的一个凤凰窝中，抓住了一只凤凰。这只凤凰开口说话了，请求放了它，它会报答阿龙不杀之恩。阿龙将凤凰放飞，凤凰送给阿龙三根羽毛，告诉他以后遇到困难，只要用火点着一根羽毛，凤凰就会飞来帮助他。第二天下了一整天雨，这雨还一连持续了很长时间，阿龙无法上山打猎，只好取出一根羽毛，用火点燃，不久后，凤凰来了，给阿龙三粒谷种，叫阿龙把谷种播进田里，保证他们吃饱饭。阿龙在田里播撒谷种后不久，田里长出稻谷，母子俩都吃上大米饭，不需要上山打猎了。吃饱了饭，冬天来了，缺少衣服御寒，阿龙取出第二根羽毛，用火点燃，凤凰来到他身边，给他三粒苎麻籽，叫他种到园子里，保证他们有衣服穿。阿龙播下苎麻籽后不久，长出了一棵棵苎麻，这些苎麻一年到头都有，阿龙娘剥下麻皮，天天纺织，做成许多衣服。穿暖了，可家里还少一个媳妇。阿龙在一次歌会上与一位畲族姑娘相识、相恋，他委托媒

---

① 参见沈其新：《图腾文化故事百则》，湖南出版社 1991 年版，第 140—142 页。

人去说亲，姑娘提出要一套凤凰装做嫁衣。阿龙取出第三根羽毛，用火点燃，凤凰带来了虎牙、绿叶和鲜花，阿龙把它们镶嵌在阿娘做的衣裳上，悬挂到厅前，好似一件凤凰衫，但是它少了头和尾巴，凤凰见状，只好忍痛割爱，将自己的头髻、尾巴拆卸下来。阿龙把凤凰装送到心爱的姑娘手中。成亲那天，身穿凤凰装的姑娘来到了阿龙家，恰似一只漂亮的凤凰。从那以后，畲族人民都认为只要有了凤凰，就会有衣服穿有米饭吃，还能娶到一位好媳妇。所以，畲族妇女一直到现在仍然梳凤凰头，穿凤凰衣，腰系凤凰尾飘带，就连陪嫁的家具上也有一些凤凰花纹图案。[①] 第二种传说是：畲族始祖龙麒由于在平番中立下了汗马功劳，高辛帝同意龙麒娶三公主为妻。成婚的时候，帝后给三公主佩戴上凤冠，身穿镶嵌着珠宝的凤衣，祝愿女儿如同凤凰一般，能给自己的生活带来吉祥。在三公主出嫁的时候，一只凤凰从广东的凤凰山飞来，送来一套凤凰装给三公主做嫁衣。此后，畲族妇女身穿凤凰装，象征着吉祥如意。[②] 第三种传说是流传在贵州畲族的祖源神话《人与雷斗》。相传始祖神将人、雷、虎等兄弟养大后，便让他们管理人间。人与雷为名利发生了争斗。雷敲响天雷，泼大水，用太阳猛晒，最后用火攻，把人间陷入了火焰地狱之中。人忙着与雷斗，无法分身去

---

① 参见钟伏龙等：《闽东畲族文化全书·民间故事卷》，民族出版社 2009 年版，第127—128 页。

② 参见吴宾：《畲族服饰的特点及其艺术内涵浅析》，《文山师范高等专科学校学报》2007 年第 4 期。

救火中的一对儿女。眼看着儿女要陷入绝境，这时，一只美丽的凤凰飞来，扑入火海，救出了两个小孩。人和雷争斗了很久，也没有分出胜负，最后他们握手言和，约定雷居天空，人居大地，彼此各守本分，互不干扰。不料归家途中，人中了雷的诡计，被雷打下山坡，死了。人的两个孩子长大后，"滚磨成婚"，让人类再度繁衍起来。他们及其后代为了感谢凤凰的救命之恩，模仿凤凰的羽毛花色，做成畲族的服饰，就是现在畲族的凤凰装。[①] 在结婚和重大节日的时候，像畲族"三月三"歌会、"六月六"风情节等节日，畲族女性会穿上漂亮的凤凰装，寓意称心如意。

畲族凤凰装主要由头饰、衣饰、银饰组成。用红头绳扎的长辫，高高地盘于头顶，象征着凤头；衣裳、围裙上镶嵌着彩色的花纹，这些花纹是用大红、桃红、杏黄及金银丝线镶绣出来的，象征着凤凰的颈项、腰身与羽毛；扎在腰后飘摇着的金色腰带头，象征着凤尾；佩于全身的银饰，不时发出叮当声，象征着凤鸣。[②] 各地畲族凤凰装又有所区别。贵州畲族凤凰装以青黑为底调，色调柔和，根据年龄的不同分为小、大、老三款。小凤凰装头戴银帽，周覆璎珞，衣服以红色为主，襟领袖口简略滚绣，格局简单，略显活泼可爱；大凤凰装头覆花帕，帕角沿后脑侧垂一角，圈链牌镯，端淑秀丽。襟领袖口与裤脚，青蓝底料上花带滚边勒口，最引人注目的是挂配在头手胸腹间的

---

① 参见何林超：《黔岭山哈嗣·畲族》，贵州民族出版社 2014 年版，第 17 页。
② 参见俞敏、崔荣荣：《畲族"凤凰装"探析》，《丝绸》2011 年第 4 期。

圈、牌、链、绦银饰；老凤凰装一律头顶黑巾，一身青蓝黑，边缀淡花，银圈炫彩，略显老成持重。①

要说妇女的凤凰装，最有特色的是凤冠。各地畲族的凤冠有所不同。浙江松阳畲族女性的凤冠是"先将头发梳直盘扎于头顶部和四周，以一块八寸见方的红色'罗帕'盖在上面，加以固定头发，防止散乱。再在其上戴头冠。头冠是用一寸直径、两寸多长的竹筒包镶银片精制而成，外用'罗帕'裹成前圆后尖之状，圆形冠面下缀挂5或6片小银片。再在头冠两侧环头裹四串小玉珠，在右耳后上方插一支垂穗的'头珊'，整个'凤冠'便装扮就绪了"②。福安畲族女性的凤冠"以竹壳为骨架，外包红布缝成长方形的头冠。冠上缝一片片四方方的錾有凤凰、蝴蝶等图案的银牌，轻薄如纸。再缀上红线穿起一串串的五色料珠，垂挂到冠的四周。冠的正面系有7至9根银链，链上再系上大大小小的凤凰、鱼儿之类图案的银牌与铃铛。要是戴到头上，这些链牌就能垂到胸前，遮住脸部，摇来晃去，叮当作响，好像'凤凰带仔又带孙'"③。霞浦县畲族女性的"凤冠，尖顶圆口，戴于发髻上，以红绸带或料珠串扣于下颊。其结构特殊、复杂，冠体内层以竹篾圈制，外蒙黑布或深色布，正中上部装一精致银框小方镜，并配微形剪、尺、书、镜等物件，传说是

---

① 参见何林超：《黔岭山哈嗣·畲族》，贵州民族出版社2014年版，第17—18页。
② 雷伟红、陈寿灿：《畲族伦理的镜像与史话》，浙江工商大学出版社2015年版，第161页。
③ 《福安畲族志》编撰委员会：《福安畲族志》，福建教育出版社1995年版，第652页。

高辛帝皇后凤冠遗制，能趋吉辟邪，冠顶以竹篾编织成金字塔形骨架，外蒙红布，各面贴缀大小不一的银片，上部后侧及前两侧，各缀挂一碟形银饰，上各缀挂五串各式小银片，两端饰玻璃料珠串，尖端装饰两片三角银片和红璎珞。装饰的银片均錾凿吉祥纹样。婚礼凤冠，还羁系遮面银饰，俗称'线须'：由一块长方形银牌和九串银饰薄片组成，整体若帘，垂于面前，银牌多錾双龙抢珠图案，银片则为鱼、石榴、梅花等寓意吉祥图案"①。

　　畲族的凤凰崇拜还体现在各种生活习俗中。如畲族的民居等建筑。旧时，畲族人民建造土木结构的房屋，在房屋门梁下悬挂凤凰或雕刻凤凰。浙江省温州市文成县富岙乡培头畲族村有一座钟氏宗祠，在宗祠大门门梁下雕刻着一只展翅欲飞的大凤凰，该宗祠至今有三百多年的历史。现在，畲族人民建造了砖瓦房屋，也会在房屋的外墙上绘制凤凰，房屋屋顶上有一只凤凰。霞浦县白露坑半月里村在宗祠、龙溪宫房屋顶上都雕刻有一只展翅欲飞的大凤凰。松阳县板桥乡金村村委会的办公楼、文化陈列馆等房屋的墙上就多处绘有彩色的凤凰。在文化广场边上有一座供大家休憩的凉亭，叫凤凰亭。云和县雾溪畲族乡坪垟岗村在一条雷岗通向蓝岗的小溪上建造了一座木质的绳索桥，叫"凤凰桥"。在婚嫁仪式中，身着凤凰装的畲族新娘子进门后，在丈夫家吃的第一碗点心，就是一碗汤圆，加两个剥壳

---

① 雷伟红、陈寿灿：《畲族伦理的镜像与史话》，浙江工商大学出版社 2015 年版，第 163 页。

熟鸡蛋，称"凤凰卵"。新郎、新娘拜堂时，新郎要下跪，新娘不跪，只行作揖礼。小孩诞生后第三天，要做"三诞"，主家办理供品拜祭祖先，而后，将事先染红的熟鸡蛋，称为"凤凰蛋"，分发给邻近的每个小孩，以示庆祝。[①] 在丧葬仪式中，亡故的女性头上依旧要佩戴"凤凰冠"，双耳戴着一对银耳环，身上穿着青蓝色的踏轿衫与裙，腰上系一根玉白腰带，双脚穿单鼻布鞋入棺。在学师祭祖和做三天三夜的大功德丧葬仪式中，法师要在天井旁柱子或大门门框上悬挂金鸡图，画面为一圆日中立一只昂首雄鸡。"金鸡"是凤凰的原型。混化定型后的凤凰，头、颈、冠、尾和啄，依然和鸡没有多大区别。[②]

畲族有饮凤凰茶的习俗。闽东屏南县甘棠乡巴地畲族村的人会在碗的底部放一张艾叶，在艾叶上放置一个完整的生蛋，山泉水烧成滚烫的开水，倒入碗里，浇熟生蛋，变成艾蛋茶，俗称"凤凰茶"。凤凰茶的滋补效果良好。每当村中男人办大事或干重活的时候，抑或是村民身染小病痛的时候，都要饮凤凰茶。由于艾叶可以祛痧解毒避邪，鸡蛋可以进补，每遇客人到访，村民都要用"凤凰茶"款待客人。[③] 饮"凤凰茶"习俗发展成了凤凰茶茶艺表演。茶艺表演的音乐源自传播在闽东、连

① 参见方清云：《论畲族"凤凰崇拜"复兴的合理性与必要性》，《民族论坛》2013 年第 1 期。

② 参见雷伟红、陈寿灿：《畲族伦理的镜像与史话》，浙江工商大学出版社 2015 年版，第 161 页。

③ 参见许雅玲、李颖伦：《闽东畲族传统饮食的文化特色与养生价值刍议》，《宁德师范学院学报（哲学社会科学版）》2015 年第 4 期。

江罗源等地的畲族传统乐曲，在对其进行再创作后形成了名曰"银芽留芳"的乐曲。在这个喜庆吉祥的乐曲中，一位身着凤凰装的畲族少女，用银器的茶具进行凤凰茶茶艺表演。凤凰茶茶艺表演由凤凰嬉水、凤盏溜珠、丹凤栖梧、凤穴求芽、凤舞银河、白龙缠凤、凤凰沐浴和金凤呈祥八个步骤组成，预示着凤凰来到人间，给热爱生活的人们带来幸福吉祥。[①] 据说畲族的祖居地在广东凤凰山，在喜庆的日子里，畲族人民常常在居屋的厅堂里庄严地张贴一副对联，横联为"凤凰到此"或"凤凰来仪"，竖联为"功建前朝帝喾高辛新敕赐，名传后裔皇子王孙免差徭"。有的人家在厅堂悬挂"丹凤朝阳"的图画。[②]

二、关爱麻雀、燕子等鸟类

景宁畲族人民在收割稻谷的时候，每丘田都会在田后坎边留下一两丛稻谷，特意不割，留下来给麻雀吃。这是因为从前，由于风调雨顺，畲族人民种粮食非常容易，粮食堆积如山。于是畲族人民开始浪费粮食，将麻糍当作凳子坐。一天，分管粮食的布袋佛知晓畲族人民如此浪费粮食，决定惩罚他们。于是他施法术，将所有的粮食收进布袋，带回天庭。这事被老鼠知道了，趁布袋佛打盹的时候，老鼠咬破了布袋，偷藏许多粮食种子。此事被麻雀知道了，在布袋佛飞回天庭的途中，麻雀停

① 参见《屏南畲族的凤凰茶道》，中国网，2009年7月27日，http://www.china.com.cn/aboutchina/zhuanti/xz/2009—07/27/content_18213521.htm.

② 参见蓝雪花：《畲族凤凰崇拜及其源流初探》，《闽西职业大学学报》2005年第2期。

歇在布袋上，把布袋啄破，让粮食撒落在人间。第二天，畲族人民发现自家的粮食没有了，只能用野菜树皮充饥。多亏老鼠和麻雀的帮助，才使得田里留下一些粮食种子。第二年春天，这些粮食发芽生长，到了秋天，畲族人民才收集到粮食种子。等到第三年秋天，畲族人民才吃到自己辛苦种的粮食。经过三年的挨饿，畲族人民认识到浪费粮食的恶果，自此以后，都十分珍惜粮食。为报答老鼠、麻雀的功劳，畲族人民在山上挖番薯、收割高粱的时候，都会有意留下三五株番薯和高粱，给老鼠和麻雀吃。在田里收割稻谷的时候，也会有意留几行，给老鼠和麻雀吃。同时教育子女要珍惜粮食。[1] 每年六月份，稻苗出穗后，畲族人民还用"稻草人"驱赶麻雀。用稻草、破布和草帽扎成人的样子，竖立在庄稼地里，让麻雀误以为是真人，麻雀因害怕不敢靠近，自愿选择离开。有的还会在一丘田里，插上两根竹竿，竹竿的间距为两米左右，系上一根绳子，绳子上系有易拉罐等瓶子，风吹来，发出叮叮当当撞击的响声，这个响声是用来赶走麻雀的。

畲族民众喜爱燕子。有的畲族村庄以"燕窝"为名。福安市穆云畲族乡燕科村，是个纯畲族村，村庄原名燕窝。1896年修藏高山村钟谱内《燕窝村记》记载了燕窝村的由来。"燕窝由宸城而南三十余里，居穆水之西，川绕于前，山环于后，清流湍耳得之而为声，茂林修竹目遇之而成色，幽居之胜概也……

---

① 参见梅松华：《畲族饮食文化》，学苑出版社2010年版，第153—154页。

山道纡徐盘曲而群峰为之四合也。……如贵李愿之盘谷，如桃源之别洞，阡陌交通矣。窝者，藏也，紫燕归来巢于梁上，无须桑土，何忧风雨之飘摇，故名之曰'燕窝'，此其局安而地密也。"①

在平常的生活中畲族禁止打燕子、吃燕肉，亡人的寿被与女亡人的红裙禁忌用有鸟花纹的花布来制作。②福州畲族人民有如下禁忌："燕子来家筑巢，忌驱赶和打扰""忌打春鸟和夜间鸟"。民谚道："好手不打夜间鸟，好枪不杀春头兽。"③

三、关爱猫、蛇等动物

关爱猫。畲族人民爱养猫，猫很温驯，还善于捕捉老鼠，深受人们喜爱。尽管猫肉肉质鲜美，但畲族人民从不吃猫肉，有"猫肉不可尝，尝了吃爹娘"之说。哪怕猫死了，也禁止吃猫肉，还会将死猫用竹篮子装着，挂在树上。④温州平阳畲族民众还忌讳用筷子打猫，否则，猫会拖一条蛇回家。⑤

关爱蛇。畲族民众敬奉蛇为神灵，谓之"白蛇将军"。霞浦县溪南镇白露坑牛胶岭自然村畲族人民崇拜蛇，先设置了一个

① 林锦屏、赖艳华：《福安穆云村落调查手记》，《宁德师范学院学报（哲学社会科学版）》2015年第2期。
② 参见方清云：《论畲族"凤凰崇拜"复兴的合理性与必要性》，《民族论坛》2013年第1期。
③ 福州市地方志编纂委员会：《福州市畲族志》，海潮摄影艺术出版社2004年版，第430、406页。
④ 参见梅松华：《畲族饮食文化》，学苑出版社2010年版，第54页。
⑤ 参见蓝朝罗：《平阳畲族》，2011年，第39页。

蛇的神龛，后在神龛附近建造了一座白蛇将军庙，祭祀蛇精白蛇将军。[①]畲族人民禁忌吃蛇肉，认为蛇是龙的化身，称之为"地龙"，把它视为圣物加以看待。每次在山上或路上遇到蛇，都认为"大路朝天，各走半边"，不伤害蛇。有的人在家里还养着无毒的蛇，如油菜花蛇，用来捉老鼠，并称之为龙猫。畲族人不吃蛇，否则会因冒犯地龙而遭到惩罚。[②]广东潮州凤凰山畲族人民忌讳在路上或山上遇见蛇交配，当地人认为见到蛇交配，是一件不吉利的事，因此，要视而不见或绕道而行。实际上这样做是为了保护野生动物的繁殖。[③]

禁止捕杀主动跑到家里的动物。浙江景宁畲族人民认为所有的动物，都得到上天的保佑和庇护。假若某个动物跑到家里来，说明这家人的品德较为高尚，拥有慈爱之心，否则动物不会主动来到家里。特别在寒冷的冬季，经常有山上的动物跑到畲族人家里御寒或者寻找食物，每当遇到这种情况，畲族人民非但不会伤害动物、捕杀动物，反而会救助动物。[④]福州市畲族群众把野兽逃窜入家里看作是它们遇到危险而逃难，无论是什么样的野兽，非但不能捕捉或枪杀，反而将一根红布条系在野兽的脖子上，而后将野兽放生。春天是野生动物的繁殖季节，畲族群众为了保护野兽的繁衍和发展，在狩猎的时间上，春季一般

---

① 参见缪品枚：《闽东畲族文化全书·民间信仰卷》，民族出版社 2009 年版，第 22 页。
② 参见梅松华：《畲族饮食文化》，学苑出版社 2010 年版，第 54 页。
③ 参见石中坚、雷楠：《畲族祖地文化新探》，甘肃民族出版社 2010 年版，第 298—299 页。
④ 参见梅松华：《畲族饮食文化》，学苑出版社 2010 年版，第 54 页。

不去狩猎，[①]并且在打猎的时候，也禁止捕猎幼兽和怀孕母兽。假若错捕了幼兽和怀孕母兽，也会将它们放生，绝对不能吃，以免遭到大家的责骂。

① 参见福州市地方志编纂委员会：《福州市畲族志》，海潮摄影艺术出版社 2004 年版，第 406 页。

第五章　合理利用自然

第一节　农业方面合理耕种

在农业方面，畲族人民早期实行刀耕火种，种植旱地作物，谓之"畲田"，开垦出旱地。后来又在有水源之处开垦出梯田，种植水稻。由此，畲族村落普遍存在着旱地和耕地。随后发展到以种植水稻为主，兼种旱地作物的农业生产活动。

一、刀耕火种

从史籍和民间文书的记载来看，畲族先民早期从事刀耕火种的农业生产。顾炎武《天下郡国利病书》记载畲族先民"随山散处，刀耕火种，采实猎毛，食尽一山即他徙"①。《处州府志》载入的屠本仁《畲客三十韵》云："斫畲刀耕举，烧畲火种蹥。"② 刘克庄和傅衣凌更是指出了"畲"字的本义为"刀耕火种"。刘克庄在《漳州谕畲》中云："畲，刀耕火种也。"傅衣凌在《福建畲姓考》中写道："其烧山地为田，种旱稻，刀耕火种，因名为畲。"③ 畲族的族谱也记载了这方面的内容。广东丰顺县凤坪村蓝氏《盘王开山公据》称："望青山，刀耕火种，自供口腹，及赐木弩游猎为生。"惠东县陈湖村《盆盘蓝雷黎栏族谱》也称"刀耕火种为生""望青山，斩刀耕，逢山食山……游垦不定"。④

　　唐宋时期的畲族先民武陵蛮，居住在以古长沙国为中心的鄂、湘西一带，依山而居，刀耕火种。所开辟的田地为"畲田"。在刀耕火种之前，先要进行占卜，确定最宜烧畲的地方以及下雨的日期。其中雨期的确定尤为重要，它对撒播下去的种子能否顺利萌发与生长起着至关重要的作用。占卜主要有三种方式，分别为龟卜、瓦卜及泉占。龟卜采用钻挖，瓦卜运用敲击方式，泉占主要考察是否有水源。通过占卜确定好烧畲之地和日期之后，在初春某一时期，用畲刀砍伐树木，将伐倒的树木晾晒一段时间使其干燥，等待春雨的降临。在雨势来临的前

① 顾炎武：《天下郡国利病书》第二七册，广东上，《博罗县志》。
② 周荣椿：《处州府志》第 30 卷，清光绪三年（1877）刊本。
③ 傅衣凌：《福建畲姓考》，《福建文化（第 2 卷）》1944 年第 1 期。
④ 广东省地方史志编纂委员会：《广东省志·少数民族志》，广东人民出版社 2000 年版，第 274 页。

一天，将干燥的树木烧成草木灰，作为肥料。焚烧后的第二天，用锄头去除烧过后留下的根株，趁土还热的时候，播下种子，用土覆盖，之后就等待着收获。在此期间不需要中耕除草等任何田间管理活动。在畲田的耕种过程中，用土覆盖，剔除焚烧不尽的树木所需的工作量大，要消耗许多劳动力，需要采用集体劳动的形式。畲族人民居住分散，人口较少，通过约定，大量的劳动力从几里外乃至数百里之外赶来帮忙，主人家提供酒食，畲族人民形成了集体劳动、互助合作的习惯。畲田是一种纯粹的山地利用方式，按照坡度而耕作，利用天时，依靠降落的雨水，所种植的也只能是麦、豆、粟等耐旱作物。所使用的肥料是干燥树木烧尽后的草木灰。畲田耕种了两三年之后，土地的肥力已经枯竭，无法再耕种，只得另行开辟新的畲田。正如《永春县志》所云："畲民……耕山而食，率二三岁一徙。"[1]周而复始，待整座山开垦完毕后迁徙他处。[2]

　　大约在明嘉靖年间，畲族人民从福建省长汀县迁往铅山。他们刚到铅山时，居住在崇山峻岭之间，给当地的富户、山主看守山林。由于看守山林所获得的收入难以维持温饱，只得从事刀耕火种的农业生产，种植粟、薯。每年农历正月末，挑选一大块土质相对肥美、树林相对稀少的山坡地，畲族男女老少一起砍伐树木、柴草。等到四五月份树木、柴草干燥后，又来到此地，在畲田的四周制作出一个隔火带后，点火将树木、柴草

①《永春县志》卷三，《风俗》，明万历刻本。
②　曾雄生：《唐宋时期的畲田与畲田民族的历史走向》，《古今农业》2005年第4期。

燃烧完毕，使之成为草木灰。等到这块地冷却后，播下黄粟种子。到收获时节，获得一定的收入。第二年，不种黄粟，改种红薯。收获红薯之后，这块地随即抛荒，闲置三五年后，再重新利用。[①] 畲族刀耕火种，农业生产除了具有集体性特点之外，还具有粗放性特点。刀耕火种所需的生产工具简单，只要畲刀和锄头即可，所种的农作物，多自生自长，广种薄收。同时刀耕火种是一种休耕式种植，畲田最多能够耕种三年，第二年作物的收成最好。第三年耕种完毕后，草木灰和泥土的肥力全部消耗殆尽，无法再耕种，这块地要闲置，必须另外再开辟一处畲田。可见，刀耕火种与轮歇抛荒并存，此外，畲族人民还采用了农作物轮种、种树还山等保持土壤肥力的方式，这些措施使得畲族刀耕火种延续时间较长。1958 年，福安县甘棠乡山岭联社畲村仍用刀耕火种，种植番薯。三四年后，土地的肥力全部消耗完毕就抛弃，轮流歇种到二十年后，再次开荒耕种。该村绝大部分的农地是"轮歇地"，无法长时间耕种。山头庄的农地，只有四亩地可以用来长期耕种。[②] 景宁畲族居住在山区，主要聚居在半山腰。山上缺水少田，只能依靠刀耕火种，开垦山上的旱地，种植玉米、番薯等旱地作物。直到 20 世纪 70 年代，畲族人民还用刀耕火种的方式，在山上种植成片的玉米，而后

[①] 参见铅山县民族宗教事务局：《铅山畲族志》，方志出版社 1999 年版，第 15、189、190 页。

[②] 参见《福建福安县甘棠乡山岭联社畲族调查》，载《中国少数民族社会历史调查资料丛刊》福建省编辑组、修订编辑委员会：《畲族社会历史调查》，民族出版社 2009 年版，第 144 页。

把玉米挑回家。①

二、梯田水稻等农作物种植

畲族人民从明、清时代开始，在迁徙的过程中，每迁到一个地方的初期，多数从事为当地的富户、山主看守山林的工作。随着人口日渐增多，光靠为人看山难以维持生计，于是在丘陵地带开垦田地，把无水源地带开垦为畲田，把有水源的坡地开垦为梯田。梯田是在丘陵山坡地上，筑坝平土，修建成许多高低不同，形状不一的半月形田块。它们上下相连，宛如阶梯，因此叫作"梯田"。②修建梯田，先挖田基到一定的宽度，用石头垒成田埂，高度从一两米到十米左右，而后填土、夯实，做到底部不漏水。与畲田相比，梯田由于设置堤埂，增强了保土蓄水能力。即便大雨倾注，雨水也能储存在田里，避免了水土流失。更为重要的是，在梯田里，可以种植水稻。③为了能够更好地种植水稻，梯田还要实施引水工程。如果附近有泉水，就引水进入田里。若附近无水源，就要到山上有水源之处建造水坝或水井蓄水，沿着山势，从上而下修建水沟，遍及所有的梯田，引水灌溉田地。遇到沟渠要跨越河道，就要架设引水工具，用楠竹打通竹节的竹筒，称为"水笕"。还要在河道里修建龙骨车这种灌溉农田的水车。

① 参见梅松华:《畲族饮食文化》，学苑出版社 2010 年版，第 162 页。
② 参见曾雄生:《唐宋时期的畲田与畲田民族的历史走向》，《古今农业》2005 年第 4 期。
③ 参见曾雄生:《唐宋时期的畲田与畲田民族的历史走向》，《古今农业》2005 年第 4 期。

畲族人民非常重视水利设施的建设。闽西永安市青水钟氏畲族先祖深刻认识到水利是农业的命脉。《钟氏族谱》记载："我姓卜居地山深溪狭，雨沱则沟盈，雨止则水源不涸，芸芸田亩得以藉资灌溉，旱涝无虞，是何？先祖明鉴地形、水势、坡堤、池塘、湖沼、人工疏凿得法，圮坏即葺筑之。"[1]正因为钟氏先祖重视兴修水利，农田水利灌溉和排水才不受旱灾、涝灾的影响。畲族的名人也重视水利设施的建设。云和县贡生老爷蓝应东经常动员村民和农田的所有者，共同兴修水利，开挖水沟、修堤筑坝，以利灌溉与排洪。他还筹集资金兴修官税水坝。赤石铁炉畈、李村饭、垟田口畈三处一共有 200 多亩农田，这么多的农田只能依靠一条官税水坝灌溉，每到山洪暴发，水坝经常被冲毁，致使农田颗粒无收，农民流离失所，惨不忍睹。他决定改变现状，负责兴修一条质量较好的官税水坝。他清理三畈田亩，核实租额，向各业主筹集基金。他亲自设计，每天到工地，与筑坝工人一起商量建造与施工，监督泥水匠工作，防止泥水匠马虎，完成了一座质量较好的水坝，数十年来，该水坝从未被洪水冲掉一块石头。[2]在每年农历三四月中的某一天，畲族村庄会组织民众兴修水坝、水沟。每户派一人，参加修水渠的人，带锄头、畚箕、砍刀，将水渠旁边的杂草割掉，对倒塌的河渠

---

① 李文华、麻健敏：《青水畲族的宗族社会》，《宁德师专学报（哲学社会科学版）》1998 年第 2 期。

② 参见蓝岳生：《回忆父亲蓝应东》，载中国人民政治协商会议浙江省云和县委员会、文史资料研究委员会：《云和文史资料——畲族史料专辑》，1987 年，第 68—69 页。

路基、路面进行修砌和填平，以便疏通河渠。

　　畲族引进了先进的生产技术和方法，结合实践，发展出具有地方特色的水稻等农作物种植技术规范。畲族人民顺应天时，合理安排农作物种植活动。福安中部的岳田乡畲族掌握了各种农作物生长知识，依据季节和节气安排农事活动。

表 5.1-1　福安岳田乡畲族地区的农事活动时间表 [①]

农历时间	农事活动
正月	过春节
二月	翻土、堆肥、育地瓜苗
三月	种豆
四月	割麦、做秧田
五月	插秧、耘草
六月	番薯施肥、大豆收成
七月	中耕施肥、砍田岩草
八月	水稻杨花、搞副业生产
九月	割稻、晒地瓜米
十月	做畦、种小麦
十一月	继续种小麦
十二月	准备过春节

---

① 中共福建省委统战部：《福安县岳田乡畲民情况调查资料》（1954 年 2 月 10 日），载《福安畲族志》编撰委员会：《福安畲族志》，福建教育出版社 1995 年版，第 168 页。

表 5.1-2　福安坂中和安村主要农事活动表 [①]

季节		农事活动	季节		农事活动
春	立春	种松、竹、茶、收秋马铃薯	秋	立秋	单季稻孕穗,收割再生稻,收姜,收苎,种萝卜、花菜
	雨水	犁田、种油茶、积肥		处暑	单季稻孕穗、育茶苗
	惊蛰	孵番薯种、早稻浸种、下冬马铃薯肥、育茶苗		白露	翻番薯藤、采秋茶、种秋马铃薯、种白菜、收豆
	春分	耙田、种花生、芋头、早稻浸种、育秧		秋分	再生稻平穗、收豆
	清明	修田埂、排水、种芋头、采春茶、插早稻秧、除早稻草（插秧七天后）、单季稻犁田、种苎麻		寒露	收割单季稻、种油菜、收萝卜
	谷雨	耙田、翻土、整理田埂		霜降	晚稻孕穗、下秋马铃薯及花菜肥
夏	立夏	收大麦、下早稻肥、单季稻浸种育秧	冬	立冬	收番薯、收芋头、收割再生稻、收萝卜、收花菜、收白菜、采冬茶
	小满	栽番薯、收冬马铃薯、种姜、种豆		小雪	收割晚稻、做番薯米、种小麦及大麦
	芒种	收小麦、单季稻插秧、收苎、采夏茶		大雪	收割晚稻、做番薯米、犁田
	夏至	早稻孕穗追肥		冬至	砍柴、做番薯米
	小暑	锄番薯草及下肥、收割早稻、单季稻下肥、晚稻浸种育秧、收姜、收苎		小寒	砍柴、下麦肥、下油菜肥
	大暑	锄番薯草及下肥、收割早稻、再生稻孕穗、晚稻插秧、采茶、烧山灰积肥		大寒	砍柴、下麦肥、种冬马铃薯、下油菜肥

---

① 《福安畲族志》编撰委员会：《福安畲族志》，福建教育出版社 1995 年版，第 169—170 页。

歌谣《时节歌》讲述了水稻种植的过程：

时节歌

年乃过了立春到，做田人仔心又愁，

山林树木都抽芽，秧田草灰还未烧。

春分过了清明来，好作秧田禾苗栽，

……

莫来东西去游荡，荒了田地人怨嘴。

清明过了谷雨上，谷种落泥人作牛，

勤力人寮禾秧大，懒人禾苗短又黄。

……

立夏过了小满时，田头田尾要清理，

条条田唇草割了，播落禾秧青枝枝。

芒种过了是夏至，夏至播田爱及时，

……

早播禾苗会壮大，有粮百事都顺意。

夏至过了小暑到，田中禾苗绿油油，

一边下料边耙草，草耙蓣草野草浮。

小暑过了大暑来，破水荫田禾苗栽，

六月日头热泼泼，汗水滴滴没讲退。

大暑过了是立秋，田头多走水过丘，

管好禾苗无虫害，禾大割来俭丰收。

立秋过了处暑天，做世都讲管禾田，

田岩削光老鼠走，兜兜禾纽黄更更。

处暑过了白露上，秋风吹来天转凉，

天若开晴就割禾，割来米谷好上仓。

白露过了到秋分，日夜平分定乾坤，

禾谷晒燥又扇净，若吃唔了再粜银。[1]

畲族人民不断积累了农业生产中的实践经验，探索出各种农作物的种植技术。其一，传统间作套种技术。间作套种技术是指利用不同作物生长期的差异，在同一块土地上种植两种及两种以上作物的生产技术。间作套种技术萌发于西汉时期，在明清时期开始盛行。[2]主要是水稻和大豆间作技术。在水田里种植单季稻或双季稻，在田埂上种植大豆。[3]在旱地，实行多种作物套种。1952年以前，福安畲村实行甘薯与茶叶套种技术，在山区梯田内种植甘薯，沿梯田边栽种茶树。茶树不施肥，所需养料为种甘薯所施用的肥料，只需在每年农历八至十月对茶树深挖除草一次即可。1958年后，福安畲村大面积种植茶叶，在茶园中套种花生，几乎十分普遍，所种的花生多为自己食用。[4]

其二，轮种技术。轮种是指在同一块土地上，收获了一季

---

① 钟发品：《畲族礼仪习俗歌谣》，中国文化出版社2010年版，第143—144页。

② 参见徐旺生：《从间作套种到稻田养鱼、养鸭——中国环境历史演变过程中两个不计成本下的生态应对》，《农业考古》2007年第4期。

③ 参见《福鼎县畲族志》编委会：《福鼎县畲族志》，浙江温州龙港南华印刷厂2000年印刷，第97页。

④ 参见《福安畲族志》编撰委员会：《福安畲族志》，福建教育出版社1995年版，第204、221页。

作物之后，再继续种植其他作物的种植技术。畲族由于山多田少，田地特别是水田，一般用来种植水稻。福鼎畲族在民国以前，1.55万亩水田多数种植"铁秋"单季稻，冬季水田闲置。在民国时期，才开始推行轮种技术。主要实行麦子和水稻、水稻和大豆、水稻和油菜或水稻和蔬菜两熟制。在中华人民共和国成立初期，进行稻、稻和麦子或稻、稻和菜三熟制。20世纪80年代实行农业承包责任制后，少数平原地带坚持三熟制，山区地带大部分实行两熟制，有些土瘦水冷的田地，则种植单季稻。[①]20世纪50年代之前，福安山陆平原、半山区的畲村部分水田实行单季稻水稻、甘薯水旱轮作。内陆平原地力较肥的旱地，常于甘薯收后种冬小麦一季。[②]"土质坏（指土浅地瘦的山田）就另改种地瓜或芋头，下了厩肥（牛粪等）、草木灰，土壤就可肥沃，就能增产，否则，土地一年比一年瘦。沙质梯田（黄土中有大砂粒），轮种地瓜、芋头，下人粪厩肥后土壤可保持肥分3年。"[③]实行轮种，不仅增加了土壤的肥力，还提高了水稻的产量，因此1982年及以后，福安畲村大力推广轮种技术。水田主要实行稻——稻——麦、稻——麦、稻——稻——紫云英、稻——甘薯轮种。旱地实行甘薯——马铃薯、麦——甘薯、麦——花生——甘薯、麦——豆——甘薯。如甘薯——马铃薯轮

① 参见《福鼎县畲族志》编撰委员会：《福鼎县畲族志》，浙江温州龙港南华印刷厂2000年印刷，第97—98页。

② 参见《福安畲族志》编撰委员会：《福安畲族志》，福建教育出版社1995年版，第188—189页。

③ 《福安畲族志》编撰委员会：《福安畲族志》，福建教育出版社1995年版，第501页。

种，甘薯在正月十七至二十日护苗，培育种苗。天气温和时，经过 20 天；天气较冷时，需经 30 天后，待发芽 3、4 寸时把种取出。取出种苗，经过 10 多天的播种，经常浇水和锄田，松土。四月初，剪下甘薯苗插下，经过 20 到 30 天除草下肥，过 20 天培肥、第一次翻藤，过 30 天，第二次翻藤与下肥，又 30 天后就可以开始收成。从插苗到收成，大约要 6 个月。秋天收甘薯后，再种马铃薯。① 又如在水田实行稻——稻——麦轮种，"水（晚）稻收成后挖稻根，冬至前 10 天，把小麦种与草木灰、砒霜混搅撒在田沟里，施以人粪，用土覆盖。天气暖和六七天就长出芽来（天冷要十几天）。种下经 14 至 15 天，长高 4、5 寸时，要搅粪下肥，再经 20 天锄草。明年正月长高时培土，三月末结穗开花，四月中旬即可收割"②。畲族实行水稻轮种油菜、水稻轮种草籽等。油菜轮种水稻，在第一年的冬天种油菜，到第二年三四月份，油菜收割完毕后，放水种植水稻。畲族也经常实行水稻轮种草籽。水田种植双季稻，特别是晚季稻收割后，在田地里撒下草籽种子，第二年，待草籽长大后收割喂养猪或牛。这种轮种技术达到充分利用土地，节约劳动时间，提高生产效率和产量的作用。

其三，水稻种植技术规范。畲族名人十分重视农业经验的总结，提升耕作技术水平。云和县名人蓝应东，宣统二年（1910）

---

① 参见《福安畲族志》编撰委员会：《福安畲族志》，福建教育出版社 1995 年版，第 188—189、191—192 页。
②《福安畲族志》编撰委员会：《福安畲族志》，福建教育出版社 1995 年版，第 199 页。

入贡，成为全县第二名的畲族贡生。他重视农业，注重实践，总结出了关于土、种、肥、水、管、虫害六个方面的实践经验，提出要在对田地进行细分的基础上，因地制宜种植农作物。他认为田地有水田与旱田之分，有垟畈田与山岙田之别。旱田缺水，适宜种早熟的水稻，如齐头尖；水田适宜种晚熟的水稻，如老鼠芽。垟畈田多种三熟，山岙田气温较低，适宜种九月秋等。为提高耕作技术，他常到外地学习考察，交流经验，引进良种，增强农作物与土壤的适应性。[1]20 世纪 50 年代以前，畲族种田耕作技术较粗放，如翻土用锄头，一般耕种只一犁一耙。20 世纪 50 年代以后大力宣传科学种田，推广农业科学技术。育秧技术从民国时期传统的满田撒播式育秧，到 20 世纪 80 年代的薄膜覆盖湿润育秧与编织布育秧技术。[2] 水田犁地从以往的一犁一耙，到二犁二耙和二犁三耙。二犁三耙指在十二月犁田一次，使土晒干，来年三月春耕时引水入田，施 1 次基肥。然后耙平一次，不久进行第 2 次犁田，插秧时第 2 次耙田，然后再用木梯第三次耙田。[3] 插秧从以往的"行行尺二、蔸蔸十二"的宽株丛距，到合理密植，依据水稻品种、地区条件来确定密植规格。

① 参见李徐根：《我所知道的应东先生》，载中国人民政治协商会议浙江省云和县委员会、文史资料研究委员会：《云和文史资料——畲族史料专辑》，1987 年 12 月，第 66—67 页。
② 参见《福安畲族志》编撰委员会：《福安畲族志》，福建教育出版社 1995 年版，第 500—502 页。
③ 参见《福建福安县畲族情况调查》、《福建罗源县八井村畲族社会情况调查（摘录）》，载《中国少数民族社会历史调查资料丛刊》福建省编辑组、修订编辑委员会：《畲族社会历史调查》，民族出版社 2009 年版，第 136、123—124 页。

水稻插播季节从以往偏迟到合理地安排，实行早、中、晚熟品种配套和插播顺序安排。水肥管理从以往的田间水管凭经验对稻田水量做适当调节，到"垄畦栽培法"，改善土壤理化性状，调节稻田耕层水分，调节群体与个体平衡生长，应用测土优化施肥配方、病虫害防治技术等综合措施。①

第二节　狩猎生产中合理利用②

畲族人民多数居住在林业资源丰富、野兽经常出没的山区。正如《高皇歌》云："凤凰山上鸟兽多，若爱食肉上山猎，开弓放箭来射死，老熊野猪鹿更多……凤凰山头是清闲，日日拿弓去上山。"③清道光二十七年（1847）修的《和庵（和安）雷氏宗谱·物产篇》载：和庵境内禽兽有兔、土猪、野猫、獭、土猫狸、鹧鸪等。中共福建省委统战部 1964 年 2 月 10 日《福安县岳田乡畲民情况调查资料》载："畲村遇禽兽害，禽害，有黄鼻鸟吃稻麦，兽害，有田鼠、麂、野猪、豪猪等残害地瓜。"④这些虎、野猪、兔等野兽的猎取，正好可以弥补刀耕火种这种粗

---

① 参见《福安畲族志》编撰委员会：《福安畲族志》，福建教育出版社 1995 年版，第 502 页。

② 本节部分内容参考了雷伟红：《畲族习惯法研究——以新农村建设为视野》，浙江大学出版社 2016 年版，第 223—231 页。

③ 景宁畲族自治县民族事务委员会：《景宁畲族自治县畲族志》，1991 年，第 194 页。

④ 参见《福安畲族志》编撰委员会：《福安畲族志》，福建教育出版社 1995 年版，第 233 页。

放耕种方式及租种田地耕种带来的农业收入不足，因消除兽害，畲族的狩猎生产较为发达。邓光瀛的《长汀县志》记载，畲族人民"粪田以火土……精射猎，以药注弩矢，着禽兽立毙……悉山雉野鹿狐兔鼠蚓为敬。豺豹虎兕间经其境……操弩矢往，不逾时，手拽以归"[1]。畲族男性无论老少，都善于打猎。清道光《罗源县志》载"明万历三十九年（1611）群虎伤人，知县陈良谏祷于神，督畲民用毒矢射杀四虎，患方息"，又载"畲民虽幼小，能关弓药矢，不惧猛兽，盖其性也"。[2]民国时期，随着农业生产的发展以及野兽的减少，狩猎在生产中退居次要地位。到近代，狩猎成为畲族人民消除侵害农作物野兽的活动，所获得的猎物成为日常佳肴、礼品或与人交易的商品。20世纪70年代后，随着野生动物保护政策的实施，山区可打猎的野兽较少，狩猎成为一种兴趣爱好，畲族人民偶尔为之，只获得野兔、野鸡等猎物。进入21世纪后，畲族地区行猎的现象日渐减少。[3]

一、狩猎的对象及时间

在松阳畲族山区，狩猎的对象为飞禽野兽，"飞禽有野雉、斑鸠、水鸭、老鹰等；兽类有野兔、香狸、黄鼠狼、山狗、獾

① 邓光瀛：《长汀县志》卷三五，《杂录畲客》，民国二十九年（1930）修。
② 福州市地方志编撰委员会：《福州市畲族志》，海潮摄影艺术出版社2004年版，第135页。
③ 参见颜素开：《闽东畲族文化全书·民俗卷》，民族出版社2009年版，第12—13页。

猪、乌獐、水獭、野猪等"①。平阳县王神洞畲族打猎的对象为豹、猪、虎、山羊、狐狸和狼等。②广东凤凰山区畲族狩猎的对象为山鸡、野兔、山羊等小型野生禽兽以及虎、豹、野猪等猛兽。③福安畲族地区打猎的对象有"老虎、豹子、野猪、山羊、豪猪、麂、野兔、獐、狐、雉鸡等"④。

狩猎的时间一般在春季和冬季。在春天播种以后，为保护庄稼和饲养的牲畜的安全而进行巡猎。在农事较少的冬闲时期，野兽已经过了繁育期，长了膘，皮毛价值较高，这时候是狩猎的最佳时机。假若看到或听到野兽加害人、畜抑或践踏农作物，猎手们会立即出击行猎，不论什么时间。福州市畲族人民狩猎时间一般在农历二到三月、八到九月的农闲季节，农忙时节为了保护番薯、稻谷不受侵害，也会安排打猎队伍防止野猴、野猪等动物来犯。⑤

二、狩猎方法

狩猎的器具有火铳、活扣、弓弩、吊器、牢笼、饵弹、陷阱

---

① 中共松阳县委统战部、松阳县民族宗教事务局：《松阳县畲族志》，2006年，第66—67页。

② 参见《1958年浙江平阳县王神洞畲族情况调查》，载《中国少数民族社会历史调查资料丛刊》福建省编辑组编、修订编辑委员会：《畲族社会历史调查》，民族出版社2009年版，第64页。

③ 参见石中坚、雷楠：《畲族祖地文化新探》，甘肃民族出版社2010年版，第209页。

④《福安畲族志》编撰委员会：《福安畲族志》，福建教育出版社1995年版，第659页。

⑤ 参见福州市地方志编撰委员会：《福州市畲族志》，海潮摄影艺术出版社2004年版，第135页。

等。狩猎方法较多，主要有九种。一是照捕。夜间，用强灯光
照射野兽，致使其惊慌失措忘记逃跑而被击中。二是挖捕。通
过寻找野兽洞穴、辨认其脚印的新旧和进出痕迹的方式，确定
野兽在洞穴之中，就用锄头挖掘洞穴，待野兽逃出，就将其击
杀。三是熏捕。用草烟熏烤在岩洞中的野兽，逼迫其外逃而将
其击杀。四是吊捕。用吊器制成机关，等待野兽进入机关即可
吊住。第一种是火铳或毒弩的引信连接机关引线，野兽经过，
一旦拨动引线，火铳或毒弩自动射击。第二种是在野兽出没或
过往的地段挖陷阱，布置好机关，铺上树枝柴草，一旦野兽踩
入陷阱，就被网线吊住，便可将其捕获。这种陷阱机关夜间放
置在行人少去的要道，次日清晨就要收起，以免误伤行人。[1]第
三种是在野兽出没的路口，挖一个三至四米宽、三米深的洞穴，
洞口放置一活动绳套，在绳套里面拴一根活动针。将洞穴旁边
的一株毛竹或小树拉弯下来，在毛竹尾或小树梢上吊一根绳子，
绳子的另一端系在活动针上。当野兽踏进洞穴，活动针即刻弹
起，野兽被绳子拴住，被毛竹或小树吊在空中。[2]五是铳打，即
鸟枪射击。猎取小兽及飞禽，以黑硝、铁子为主，用红硝引发。
猎捕野猪、麂、山羊等大兽，要将铁子换成弹丸，增强其杀伤
力。六是装弓。用竹子或树枝做成弓，用皮革或麻绳作为弦，
把竹子削尖做成箭头，在箭头涂上自制的毒药。安装于野兽出

① 参见中共松阳县委统战部、松阳县民族宗教事务局：《松阳县畲族志》，2006 年，
　　第 65 页。
② 参见张世元：《金华畲族》，线装书局 2009 年版，第 227 页。

没的地段，野兽一旦触及，就会被弓箭射伤，甚至毙命。① 七是诱捕。有三种情形。第一种是在猪油、小鱼、泥鳅等诱饵之中，放入用易爆炸物或毒药做成的弹丸，临近傍晚，在野兽经常出没的要道放置诱饵，假若夜间野兽出来觅食，吃了此弹丸，要么被炸伤死亡，要么中毒身亡。第二种是在山上就地取材，架起一面平正的大石头，支柱上做上机关，再在大石头下，撒一些粮食，野兽钻入石下取食，触动机关，大石倒下即压住猎物。第三种是在野兽经常出没之处，放置一个木制牢笼，笼子有两格，外格开门安机关，内格放一只羊，在夜间，羊的叫声引来了野兽。野兽一进门因触动机关而被关进牢笼，被活擒。这种方法多用来捕杀虎、豹、狼等体型较大的凶猛野兽，松阳县裕溪镇仰天河村畬族人民就用牢笼逮住了两只金钱豹。② 这种方法也称为"关起门来打豺狼"③。八是驯捕。畬族人民训练猎狗，让猎狗捕获猎物，这是一种最经济的以兽制兽的好方法。让猎狗闻一闻各种野兽的皮肉，锻炼猎狗的嗅觉。在打猎的过程中，特意训练猎狗的追捕能力。猎人即便不去行猎，猎狗也会单独行猎，衔回一些小野兽，能干的猎狗还会捕获野雉等飞禽。九是围猎。即狩猎队集体出动追捕大野兽的狩猎活动。④

① 参见铅山县民族宗教事务局：《铅山畬族志》，方志出版社1999年版，第234页。
② 参见中共松阳县委统战部、松阳县民族宗教事务局：《松阳县畬族志》，2006年，第65页。
③ 福州市地方志编撰委员会：《福州市畬族志》，海潮摄影艺术出版社2004年版，第136页。
④ 参见中共松阳县委统战部、松阳县民族宗教事务局：《松阳县畬族志》，2006年，第65—66页。

三、狩猎的方式

在狩猎方面，有些畲族村庄单独或联合成立了狩猎组织——狩猎队。狩猎队分为自然狩猎队和集体性狩猎队。自然狩猎队是在打猎的时候，由三五人或七八人自愿结成的临时性组织。集体性狩猎队是为了狩猎而成立的专门性组织。20世纪60年代，为了保护周边乡村庄稼，福州连江县东山、七里、掌濑、溪利、兰山，晋安区东坪，罗源县贾洋、梨坑、西兰、塔里、廷洋坂、黄家湾、新岩头等畲族村庄成立了十多个集体性的狩猎队，有数百名队员。其中贾洋村狩猎队在队长蓝明光的带领下，猎杀了野猪、豪猪，使庄稼免受禽害，业绩显著。[①]1989年，松阳县畲族村庄有十一个狩猎队，其中金弄村、石牌门村、高岭村、村头村、下寮儿村、田边村、黄岩村、叶西后村、源底村、马蹄湾村为自然狩猎队，磨铉下村为集体性狩猎队，人数为4到16人，采取打夜猎、围猎等狩猎手段。20世纪90年代后期，为保护野生动物，禁止捕杀野生动物，寻求人与自然和谐相处，畲族村庄解散了狩猎队，上缴枪支，停止狩猎活动。1999年冬，由于野兽泛滥成灾，庄稼受糟蹋情况严重，在畲族人民群众的积极要求下，在各级政府的重视与支持下，经省级公安、林业部门批准，松阳县裕溪乡、象溪镇、板

---

① 参见福州市地方志编撰委员会：《福州市畲族志》，海潮摄影艺术出版社2004年版，第135页。

桥乡狩猎队先后成立，共有队员 29 人，其中畲族队员 11 人。[①]
金华市武义县桃溪镇种子源村成立了一个狩猎队，配有公安部
门批准发放的猎枪。每年冬季经有关部门批准，进山围猎，捕
杀几十头野猪。[②] 从民国时期至 20 世纪 60 年代，云和县云和镇
岗头庵村狩猎队每次打猎都满载而归，高峰、雾溪、高畲、碗
窑等村的猎队也颇负盛名。[③] 根据笔者 2010 年 7 月的调查，云
和县云和镇也成立了狩猎队，共有队员 23 人，其中畲族队员 3
人，配有公安部门批准发放的猎枪，每年 4 月到 8 月期间不准打
猎，其余时间为了保护农作物经批准可以进山打猎。

狩猎的方式除了个体行猎外，还有集体狩猎。集体狩猎为常
见的狩猎方式。

福州畲族在集体狩猎的时候，队员们分为赶山、把口和吹螺
三组，各尽其职。其中"赶山"是带猎犬搜山；"把口"是在野
兽出没之处守候猎物，寻找机会射杀猎物；"吹螺"是一旦发现
野兽，吹螺号，召集猎队，捕杀野兽。[④] 江西铅山畲族在猎大兽
和猛兽的时候，采用集体狩猎方式。猎手们事先相约在某处集
合，到集合点后，放出各自的猎狗，让猎狗穿山越岭寻觅猎物，

① 参见中共松阳县委统战部、松阳县民族宗教事务局：《松阳县畲族志》，2006 年，
　第 70—67 页。
② 参见张世元：《金华畲族》，线装书局 2009 年版，第 227 页。
③ 参见中共云和县委统战部、云和县人民政府民族科：《云和县畲族志（草稿）》
　1993 年，第 54 页。
④ 参见福州市地方志编撰委员会：《福州市畲族志》，海潮摄影艺术出版社 2004 年版，
　第 135 页。

猎手们也有分工，或拦挡，或把口，或巡山。[1]浙江平阳县王神洞畲族集体行猎的步骤简单。十多岁的男孩子手牵着猎狗，寻找野兽。其他人随身带着鸟枪、铁叉，分头潜伏。用哄的办法，把野兽赶出后，开枪射击。[2]福建福安县甘棠乡畲族一旦发现山猪、山羊，就临时组织成20人左右的狩猎队，带上田刀和少量猎枪。带刀枪的人在野兽出没地隐藏，剩余的人在山上叫喊。[3]

四、狩猎分配

狩猎猎物的分配规则是共同劳动，共同享受，论功行赏。在具体分配方案上，各地略有不同。广东凤凰山畲族人民笃信猎神。在上山行猎之前，要先祭拜猎神。队员们要到村口风水树下的猎神石像前，点茗香，叩头三拜，请求猎神，护佑大家上山，可以打到猎物，满载而归。获得猎物后，将猎物送到猎神前，供奉祭拜，感谢猎神保佑，而后再分配猎物。当猎物被击毙后，猎户赶紧用绳子捆住猎物的四脚，防止过路的人或看热闹的人参与到兽肉的分配中来。当所获取的猎物较大的时候，击中猎物的第一人，可以分到兽头、兽皮以及前脚拉直所指的

---

[1] 参见铅山县民族宗教事务局：《铅山畲族志》，方志出版社1999年版，第234—235页。

[2] 参见《1958年浙江平阳县王神洞畲族情况调查》，载《中国少数民族社会历史调查资料丛刊》福建省编辑组、修订编辑委员会：《畲族社会历史调查》，民族出版社2009年版，第64页。

[3] 参见《福建福安县甘棠乡山岭联社畲族调查》，载《中国少数民族社会历史调查资料丛刊》福建省编辑组、修订编辑委员会：《畲族社会历史调查》，民族出版社2009年版，第148页。

那个部分的肉。假若第一人未击中野兽要害，另一人补铳后，才将野兽打死，那么击中猎物的第一人得到兽头与兽皮，拉直猎物前脚所指的那部分兽肉，与第二人平分。剩下的兽肉按照出猎的人数、猎犬只数平均分配。倘若所猎取的猎物较小，如一只野兔，那么，由一人负责烹调，其他的人从家里拿些酒菜来，大家一起享用，称之为"散野种"。[1]福州畲族猎物分配方案与广东凤凰山畲族基本相同。[2]江西铅山畲族的猎物分配方案稍微有点不同，打响头铳，并击中猎物要害的猎手，名利双收，既能得到大家的称赞与敬重，又可以获得猎物的整个头部。剩下的兽肉由参与行猎的队员平均分配。只要在猎物分配的时候到场的人，即使未参与行猎，也可以分得一份。[3]

第三节　副业生产中合理利用

一、采集野菜制作美味佳肴

野菜是指在山区田野自然生长，未经人工栽培、施肥，可以食用的植物。野菜种类很多，有藻类、真菌类，有种子植物

---

[1] 参见石中坚、雷楠：《畲族祖地文化新探》，甘肃民族出版社 2010 年版，第 210 页。
[2] 参见福州市地方志编撰委员会：《福州市畲族志》，海潮摄影艺术出版社 2004 年版，第 135 页。
[3] 参见铅山县民族宗教事务局：《铅山畲族志》，方志出版社 1999 年版，第 235 页。

的根、茎、叶、花、果实与种子。[①] 畲族人民居住的山区，漫山遍野都是野菜，为畲族人民采集野菜提供了条件，野菜成为畲族生活来源和经济收入的重要组成部分。特别是生活困难时期，遇到灾荒，畲族人民依靠采摘百合、山薯、土茯苓等野生植物充饥，也会采集一些野菜，拿到市场上卖，换取自己所需的一些生活用品。山上的野果很多，春天有覆盆子、插田纽，夏天有野枇杷、山杨梅、山桃、山李、山楂，秋天有山梨、野葡萄、野橄榄，冬天有大栗、白果、猕猴桃、野茶子等。畲族人民所居住的山区盛产竹子，一年四季都产笋，无论春夏秋冬，都能享用干、鲜竹笋。每年冬季，特别是过年期间，畲族人民要上山到竹林挖冬笋，冬笋烧肉或腌菜炒冬笋，是山村的时鲜菜，成为春节食用或待客的佳肴。从清明节到夏至日的三个多月里，山上的竹林里长出个头较大的春笋，房前屋后的毛竹林长出细小竹笋，还有山上岩石边上的野生竹林遍地是野生竹笋，如雷竹笋、乌竹笋、石竹笋。畲族人民对竹笋情有独钟，有"笋出吃笋"的习俗。竹笋可以做成各种菜肴。把竹笋切成小块，用油炸，称之为"炮笋咸"，作为春耕播种时节食用或待客的佳肴。大家还要腌制春笋。把春笋去壳，去笋衣，洗净，切成片或段，将它们加食盐后放在锅里，先炒熟再炒成八成干，层层放入毛竹筒，放满后，用箬叶封口倒置，放置阴凉之处达月余，就可以食用。由于腌制后的竹笋存放好几年都不会坏，因此，

---

① 参见周传林：《巧吃野菜新"食"尚》，东方出版社 2008 年，第 1 页。

景宁畲族人民每年都要腌制竹笋，少的一两桶，多的达数十桶。他们还爱把竹笋加工成笋干，多达数千斤，一年四季都可以食用，把笋干与猪肉一起做成各式各样的佳肴，其中以笋干烧肥肉最为闻名。[①] 闽东畲族村庄盛产绿竹，福安畲乡栽培绿竹笋已有 400 多年的历史。绿竹的幼芽，形状好像马蹄，笋肉洁白，质地脆嫩，味道清爽而闻名海内外。[②]

在春节前，福鼎畲族要用山栀子制作黄粿。把几种无毒香型灌木烧成灰，用开水浸泡出碱水，浇入饭甑内的粳米中蒸熟，再浇入山栀子搅细浸泡成的汁，倒入石臼舂成团，搓成重一斤的条状，晾干放入碱水中浸存，食用时取出。农历二月二或三月三，采集秋菊草，制作秋菊糍粑。到田野采回秋菊草，洗净，晒干，切碎，搓成粉，渗入蒸熟的粳米中，倒入石臼舂成团，搓成条状，便为秋菊糍粑。[③]

农历三月三，畲族人民有吃乌米饭的习俗。他们纷纷上山采撷乌稔树叶，回家后将乌稔树叶清洗干净，放入锅中，用清水煮沸，掏出树叶。在木桶中倒入乌稔汤，在乌稔汤中浸泡糯米，9 个小时后捞出，放入木制的蒸桶中蒸煮至熟，就可以食用。乌稔树叶可以抗贫血、降血脂、抗病毒、防过敏、抗肿瘤，"乌稔饭"相较于一般糯米饭，不仅颜色乌黑，清香扑鼻，还具有较

---

① 参见梅松华：《畲族饮食文化》，学苑出版社 2010 年版，第 127—128 页。
② 参见许雅玲、李颖伦：《闽东畲族传统饮食的文化特色与养生价值刍议》，《宁德师范学院学报（哲学社会科学版）》2015 年第 4 期。
③ 参见《福鼎县畲族志》编撰委员会：《福鼎县畲族志》，2000 年，第 213 页。

高的营养价值，备受人们青睐。^①待到山上的豆腐柴（别名止血草）回春变绿，畲族人就要上山采摘好多的豆腐柴叶子，回家洗净，放入器皿里，用手反复地揉细。接着，用纱布过滤，倒进适量的用油茶树等烧成的灰制成的灰碱水调匀，等待一段时间，碧绿晶莹的山豆腐就制作成功了。畲族人爱做山豆腐汤，味美清爽。^②

清明节前后，畲族有采集鼠曲草制作清明粿的习俗。鼠曲草，又称春菊草，一年生草木，全株有白色棉毛，叶如菊叶，开出小黄花，性味甘、平。生长在潮湿的丘陵、山坡草地、田埂、溪沟岸边与无积水的水田中。清明节前后，江西、浙江、安徽、福建等地畲族人民采集鼠曲草的幼苗或嫩株，洗净晒干，在清明节的前一二天，把它蒸熟、捣烂，拌入七分粳米粉、三分糯米粉，放入石臼中用木槌捶打，制成团，而后捏出小团，用红糖芝麻粉或笋丝、萝卜丝、肥肉等做馅，底衬箬叶，放入甑中蒸熟即制成清明粿。^③将清明粿祭祀祖先后，就可以食用，还可以送给亲朋好友。清明粿，闽东畲族又称为春菊糍。清明节多雨，畲族人民容易受到寒湿邪气侵袭，而患寒湿的疾病。春菊草具有祛风除湿、止痛的功效，吃了用春菊草做的糍粑，就能起到祛除疾病的作用。因此，畲族人民就有了在清明时节

① 参见许雅玲、李颖伦：《闽东畲族传统饮食的文化特色与养生价值刍议》，《宁德师范学院学报（哲学社会科学版）》2015年第4期。
② 参见梅松华：《畲族饮食文化》，学苑出版社2010年版，第114页。
③ 参见雷先根：《畲族风俗》，2003年，第13页。

吃春菊糍的习俗。景宁有"吃了清明粿，火笼远远送"的谚语，说明过了清明节之后，以往的烤火笼的舒服日子就要过去了，接下来就要进入春耕春种农忙时期。[①]鼠曲草还可以晒干备用，一年四季都能用它来作点心。

端午节前后，畲族人民会在农闲时候，上山砍伐野生灌木，采摘粽叶和龙须草或芦苇草，用来包粽子。闽东畲族还会用竹叶包竹叶粽，用毛竹笋壳包扎竹壳粽。比较有特色的是芦叶棕。这个芦叶棕的材质比较特别。畲族人民要到山上，砍伐一种名叫黄碱柴的野生灌木，把它烧成灰，把灰倒入水中，淋出黄色碱水。到山上采摘芦叶，放到铁镬里，用沸汤烫软。用黄色碱水浸泡糯米数小时后，用芦叶将糯米包裹成矩形状、约20厘米长的芦叶棕，粽子经煮熟为浅黄色。[②]广东潮州凤凰山一带的畲族每家每户在端午节要缚栀棕。在端午节前半个月左右，人们上山砍伐一些无毒、味道甘香爽口、健胃、含碱性浓的林木，如白叶仔、菴蜂、江牡等，晒干后，在端午节前几天，将这些林木单独放在灶膛里烧成木灰，取出木灰，倒进桶中用清水搅匀，再用麻布过滤制成碱水。选用优质的茶籽糯，把它在碱水中浸泡一天一夜，直到糯米呈金黄色为止。在这期间，将白竹的叶熬熟，用清水浸漂，竹叶清洗干净后，用竹叶包裹糯米，用芦苇草细心地包扎，不紧不松，每斤米缚5条为宜。将包扎

---

① 参见梅松华：《畲族饮食文化》，学苑出版社2010年版，第95页。
② 参见许雅玲、李颖伦：《闽东畲族传统饮食的文化特色与养生价值刍议》，《宁德师范学院学报（哲学社会科学版）》2015年第4期。

好的粽子，放进鼎中用温火熬制10小时左右，就制成了栀粽。之所以叫"栀粽"，是因为碱水中含有一种叫作"栀"的化学成分。用"栀"水浸米，制作出来的粽子便叫作"栀粽"。[1]浙江景宁畲族用灰碱水浸泡糯米，用箬叶包成四个角的粽子，其中一个角形状如牛角，称之为"钻角"，还有枕头粽、菅粽等。端午节，畲族人民要在家里的大门上悬挂菖蒲艾草，喝雄黄酒，给孩子分发红鸡蛋，妇女们还要上山采摘百草制作端午茶，期望消除一切邪毒疾病。[2]

畲族地区的野菜资源丰富，有苦益菜、野芹菜、马兰头、野芥菜、野苦马等，有野蘑菇、草菇、黑木耳等菌类野菜，树上还有香椿芽。20世纪60年代，景宁畲族民众将山粉或玉米粉分别与苦益菜、野苋菜、柿子叶等树叶和野菜一起煮着吃，度过了困难时期。畲族人民白天上山挖蕨根，晚上清洗蕨根，经过捣根、淘洗、过滤、沉淀、翻晒等步骤，制作成白色的山粉，用它来制作饺子、山粉饼、山粉糊等美味食品。还到山上挖葛根，有的葛根粗大，约二三十斤重。挑回家，洗净，把它放在石板上用木槌敲打后，放入木桶中淘洗，用纱布冲洗过滤，等沉淀之后，倒掉木桶中的水，把底层的葛根粉铲出，拿去翻晒，就可得到葛粉。畲族人民常用葛粉做面疙瘩、葛粉糊，还与野菜、树叶一起做成菜肴，在饥荒时节，用来填饱肚子，以免挨

---

① 参见石中坚、雷楠：《畲族祖地文化新探》，甘肃民族出版社2010年版，第197—198、313页。
② 参见梅松华：《畲族饮食文化》，学苑出版社2010年版，第75—76页。

饿。现在，它成为难得可口的绿色食品。用这些野菜可以做成很多佳肴，例如苦益菜糊。苦益菜糊的做法是将苦益菜的嫩茎和嫩叶洗净，放入锅里用热水焯一下，捞出放入清水浸泡10个多小时，捞起来挤掉水，切碎。在锅里煮一盘苦益菜汤，将山粉用水调稀倒入锅里，一边倒一边搅，再加点调料即做成了苦益菜糊。还有马兰头清辣汤、生炒蕨菜、炒野菇片、蛋炒紫藤花或香椿芽等。①

畲族是一个爱喝酒的民族。他们经常喝自己酿造的红曲酒。红曲酒是用野生植物土莲香做曲，以糯米为原料，用古老的酿酒工艺酿造而成的。闽东畲族流传着用野生植物土莲香做曲的民间故事。从前，有一个在宰相府里做饭的畲族姑娘。有次，她做饭的时候，不小心划破了手，一滴血掉进饭锅。宰相吃了饭后，红光满面。皇帝上朝时候，见到红光满面的宰相，询问秘诀。宰相下朝后回家问姑娘，姑娘实话实说。第二天宰相上朝，告诉皇帝。皇帝想，宰相吃了一滴血就年轻了许多，要是吃了她全身的血，不就返老还童了。于是，把姑娘抓来杀了，用她全身的血煮饭吃。皇帝吃后，刚开始红光满面，但转眼就老态龙钟，不久就死了。姑娘死后，村里人将她的尸体埋在山上。第二年，在她的坟墓上长出了三根草，开出了三枝花，名叫"土莲香"。土莲香草是姑娘的血肉变成的，她要让乡亲们吃了长生不老。此后，每逢过年，村里的人就采摘土莲香，用它来做曲酿

---

① 参见梅松华：《畲族饮食文化》，学苑出版社2010年版，第83—85、110—117页。

酒。人们喝了酒后，人人都红光满面，好似年轻了许多。^①

二、采集中草药预防治疗疾病

畲族主要分布在闽浙赣粤四省的山区或半山区地带，海拔在200—1500米之间，气候温暖湿润，年平均气温较高，约16℃，无霜期较长，雨量充足，适合各种植物生长，中草药资源丰富。^②景宁县、福安市是畲药最重要的原产地，又有"畲药宝库"之称。雷后兴等人经过6年多的时间，调查了浙、闽、赣、粤四省畲族集居地的畲药资源，"采访了200多名畲族名医和传人，收集到诊治的病种776个，处方1600多个，畲药2952种"^③。根据朱德明等人2009年的调查统计，"畲族地区的药用植物达189科599属，1043种，其中畲医常用草药有214种，涉及的植物有126科属，还发现了7种新记录的药用植物（有关中草药著作从未收载）"^④。福鼎畲族居住的山区就有茯苓、香附子、五味子、枸杞子、车前子、覆盆子、麦门冬、金银花、薄荷、天门冬、竹莲、板蓝根等87种草药。^⑤

畲族人民在长期的生产生活实践中，积累了丰富的中草药防

① 参见《福建省少数民族古籍丛书》编委会：《福建省少数民族古籍丛书·畲族卷——民间故事》，海峡出版发行集团、海峡书局2013年版，第289—290页。
② 参见张梦娜、万定荣：《我国畲药资源种类调查及其应用概况》，《亚太传统医药》2017年第16期。
③ 雷后兴、季永福：《中国畲族医药学》，中国中医药出版社2007年版，第2页。
④ 朱德明、李欣：《浙江畲族医药民俗探微》，《中国民族医药杂志》2009年第4期。
⑤ 参见《福鼎县畲族志》编撰委员会：《福鼎县畲族志》，2000年，第87页。

治疾病的经验和方法。由这些中草药防治疾病的经验和方法组成的畲族医药，成为我国非物质文化遗产的重要组成部分。丽水市畲族医药研究会申报的"畲族医药"项目，在 2007 年被列入第二批浙江省非物质文化遗产保护名录，2008 年 6 月，该项目又被列为国家级"非遗"保护名录。[①] 宁德福安畲医畲药也于 2011 年 12 月被列入福建省第四批省级非物质文化遗产名录。[②] 畲族具有独特的预防疾病的习俗与方法。春节前几天"扫大年"，饮椒柏酒。[③] 腊月二十四日为祭灶日，这天，畲家主妇要打扫家庭卫生。在一支丈余的竹竿上，用藤条扎好一束清洁的毛竹枝条，用它把厨房栋梁与墙壁上的烟尘、灰尘打扫干净。接着，冲洗炊具、餐具等各种厨房用具。最后，把家里家外打扫得干干净净。晚上，每家每户都要点香秉烛，备上茶酒"五果"，烧纸钱，为灶神送行，希望灶神返回天庭过年，在玉皇大帝面前，多说凡间灶主的好话，祈求以后能发丁发财。[④] 这天晚饭，会喝酒的人要喝特别制作的椒柏酒。椒柏酒的制作方法是将适量的川椒、侧柏叶捣碎，浸泡白酒七天后，过滤掉渣，将汁制成椒柏酒。椒柏酒具有解毒、躲避瘴气的功用，可以治疗瘴气、瘟疫等时气疾病。立春有焚烧樟树枝"覃春"的习俗。

[①] 参见章关春、何琦环、鄢莲和：《我国民族医药又一奇葩：畲族医药》，《中国中医药报》2008 年 9 月 1 日，第 8 版。

[②] 参见李益长、许陈颖、陈丽冰：《闽东畲族药资源产业化开发现状与对策——以福安畲药为例》，《安徽农业科学》2016 年第 5 期。

[③] 参见竹剑平、林松彪：《浙江畲族民间医药卫生述要》，《中华医史杂志》2002 年第 4 期。

[④] 参见颜素开：《闽东畲族文化全书·民俗卷》，民族出版社 2009 年版，第 73 页。

樟树有樟脑的香气，味辛，有清凉感。福建福鼎畲族砍伐樟树
枝条，晒干备用。在立春这一天，家家户户将屋里庭院打扫干
净，取出干燥的樟树枝条，堆放在庭院内燃烧，召集男女老少
围着火堆来来回回地跳跃，意取用芳香之气清除秽浊疫气，消
除藏在瓦沟墙缝中的毒虫，保佑大家一整年少患疾病。①在端
午节这一天，采集各种草药，辟邪驱虫，制作"端午茶"。每户
人家要在门庭上插上菖蒲、艾叶和臭椿叶，用来躲避污秽邪气，
在室内用雄黄酒喷洒各处，用来杀死虫蚁。还要把苏叶、鱼腥
草、山簸茶、仙人对坐、积雪草、菖蒲、枫叶嫩心、艾叶等十
几种青草药晒干切碎，放在锅中稍微炒一下，加入少许食盐再
炒片刻，放在瓶中作为常年保健的药材，用来防治中暑、感冒、
小儿消化不良等胃肠疾病。②笔者夏天在浙江松阳县象溪镇双坑
自然村、遂昌县妙高镇东峰等地畲村进行调研的时候，发现当
地盛产名茶和菊花，尤其是松阳拥有全国闻名的绿茶交易市场，
但当地人并不喝茶叶茶和菊花茶，而是喝自己制作的名叫"端
午茶"的凉茶。畲族民众认为端午节这天采集的草药，不仅质
量好，而且防治疾病的效果也非常好，因此，在端午节这一天，
当地人就上山采集鱼腥草等十几种青草药，晒干切碎，储藏在
干净的罐子里，并把它称为"端午茶"。在端午节节后到夏天的
这一段时间里，在玻璃壶中用开水浸泡端午茶招待客人或自己
饮用。玻璃壶中浸泡的端午茶含有叶子、枝干、根茎等，茶水

---

① 参见《福鼎县畲族志》编撰委员会：《福鼎县畲族志》，2000 年，第 200—201 页。
② 参见《福鼎县畲族志》编撰委员会：《福鼎县畲族志》，2000 年，第 200—201 页。

的味道有点清苦，入口有清凉的感觉，在炎炎的夏日饮用，确实是一款具有消暑、治疗感冒等效用的预防保健茶，是一款绿色的饮品。此外，许多地方的畲族民众还在端午节这天采集荠菜、金银花、仙鹤草、益母草、淡竹叶等，洗净、晒干，作为常年预防保健的备用药。① 广东潮州凤凰山畲族人民在五月节（即端午节）这一天，到山上摘取近百种无毒的植物，称之为"百草茶"，百草茶能治百病，是上好的保健品。② 畲族还用野艾熏蚊，用鱼葛杀死蛆虫。③ 福鼎畲族会用名叫薜荔果的青草药制成"凉饮"。采摘此草药，切开，取其籽囊，用净水搓洗，滤去渣，留液浆结成块，切块后加糖饮食，可以清凉降温，防暑解渴。④ 马鞭草科植物山麻糍，畲族人民称为"豆腐柴"，性味凉、苦、涩，具有清凉解毒、利水祛湿之功效，畲族人民喜欢用豆腐柴制作绿豆腐，可以预防治疗多种无名肿痛、中风、湿热黄疸、腹痛、关节炎、浮肿等病。⑤

畲族民谚云："时节做时果"，"时令防时病"。⑥ 在预防疾病方面，畲族有两个比较有特色的做法。一种是用各种青草药制作凉茶，品种众多，功效不同。畲族人民热情好客，客人来了

---

① 参见陈泽远、陈利灿、林品轩：《闽东畲族文化全书·医药卷》，民族出版社2009年版，第65页。
② 参见石中坚、雷楠：《畲族祖地文化新探》，甘肃民族出版社2010年版，第313页。
③ 参见竹剑平、林松彪：《浙江畲族民间医药卫生述要》，《中华医史杂志》2002年第4期。
④ 参见《福鼎县畲族志》编撰委员会：《福鼎县畲族志》，2000年，第212—213页。
⑤ 参见朱德明、李欣：《浙江畲族医药民俗探微》，《中国民族医药杂志》2009年第4期。
⑥ 石中坚、雷楠：《畲族祖地文化新探》，甘肃民族出版社2010年版，第200页。

常泡茶招待。夏季，畲族人民除了常用的茶叶茶之外，还会特别制作凉茶款待来客。除了端午茶之外，还有各种凉茶。将鱼腥草或山鸡椒、车前草、仙鹤草、夏枯草、淡竹叶、败酱草等具有清热解毒、消暑利尿、抗菌消炎作用的青草药，用开水冲泡或用水煎汤代替茶来饮用，夏天可以防暑。①"食凉茶"即柳叶蜡梅，可以祛除风寒，冲泡后可口、甜醇，碧绿芳香，是畲族人民饮用了数百年的保健饮品。②百花蛇舌草能够清热解毒，福建省罗源县八井畲村人民将其加水煮沸，作为凉茶喝，可以解暑。他们还分别用百花蛇舌草、雷米草加水煮沸，服用可以治疗和预防热性疾病。③广东潮州凤凰山一带的畲族在五月初五，常常采摘当地随处可见的葫芦茶。葫芦茶具有清热、利湿、消滞与杀虫之功效。夏天将之煮水，以水代茶饮用。在田间劳作时饮用葫芦茶水，既能解渴，又能消热解毒，预防中暑。除了采集各种各样的草药之外，假若这一天下雨，畲族人民还会用各种器皿，装满雨水，称之为"龙湫水"。龙湫水放久不仅不变质，而且越久药效越好，能够除毒祛邪，有益健康。④另一种是用各种青草药制作时粿。在一年中的每个季节，采摘各种可

---

① 参见陈泽远、陈利灿、林品轩：《闽东畲族文化全书·医药卷》，民族出版社2009年版，第65页。

② 参见周军挺、鄢连和：《畲族特有药材食凉茶的资源分布及利用分析》，《中国药业》2013年第8期。

③ 参见张实：《福建省罗源县八井畲族村寨的民间医疗》，《中国民族民间医药》2008年3期。

④ 参见石中坚、雷楠：《畲族祖地文化新探》，甘肃民族出版社2010年版，第203—204页。

以食用的青草药，将其与米粉和在一起，做成各种各样的米粿，用来预防疫病。冬春吃鼠曲粿，可以抵御春寒，预防咳嗽。广东潮州凤凰山一带的畲族常做各种时粿。红粿桃消食健脾，菜头粿能去除邪气，麦粿利便养肝，夏天吃栀粿，能增强食欲，清热解毒，祛除疾病。[①]

畲族人民爱喝酒，除了自酿的红曲酒外，还爱在酒中加一些草药泡制成各种药酒，用来防治各种疾病。其中久负盛名的是竹篁酒。竹篁又名竹花，依附在刺竹属及刚竹属的竹枝梢上生存，其功能为舒筋活血，平常喝一点竹篁酒，可以预防治疗风湿痹痛等山区常见的湿瘴气较盛的疾病。[②]

畲族先民充分利用山区丰富的药物资源，将药草与食物搭配使用，创造性地开发和形成了独具特色的畲族药膳。畲族药膳既富有"药借食力，食助药威"的功效，又符合大家"厌于药，喜于食"的秉性，是深受人们喜爱的民间美味。畲族提倡药食同源、医食同源。平常食用的一些野菜同时也是药草，如苦野叶、鱼腥草、野百合等。素有"药补不如食补"的说法，因此，畲族药膳历史悠久，使用面广，普及率较高，达到了增强体质、防治慢性疾病和延年益寿的效果。食用一些新鲜优质的家禽、家畜等陆地动物的时候，常加入一些新近采挖的中草药一起炖服。强调以脏补脏，主张禽畜与人体的内脏、组织之间有着对应补益关系。如莨芝与猪脚加水炖，酌加水酒兑服，可以

---

① 参见石中坚、雷楠：《畲族祖地文化新探》，甘肃民族出版社2010年版，第200页。
② 参见朱德明、李欣：《浙江畲族医药民俗探微》，《中国民族医药杂志》2009年第4期。

治疗手脚外伤疼痛；鱼腥草与猪大肠加水炖，吃大肠喝汤，治疗肛肠科的热结便秘疾病；鲜败酱、猪小肠加水炖服，治疗胃、十二指肠溃疡；山葡萄根、桑树根、金橘根与猪腿骨加水煮透，去药渣食之，可续筋接骨，减轻伤痛，等等。畲族药膳多数是养生调补类，根据季节不同采用不同药膳。提倡春季升补，食用茵陈饼；夏季清补，食用太子参、金银花冬瓜汤；长夏淡补，食用百合芦笋汤；秋季平补，食用沙参百合润肺汤；冬季滋补，食用归芪鸡汤。食补注重互补原理。夏天温度高，阳气旺，要食用像金银花等寒性用料的药膳；冬天正好相反，食用如肉桂等热性食材和草药的药膳。[①]注重人体寒热属性。体质寒的人要食用热性用料的药膳，要用红糖、红酒、葱、姜、蒜等性热的食物，如胃脘冷痛要用羊肉炖药；体质热的人要食用凉性用料的药膳，要用白糖、冰糖、白酒、绿豆、萝卜等性寒食物，如胃脘热痛要用猪肚炖药。常见的药膳有：将仙鹤草10克煎成滚汤，而后冲入打散的鸡蛋中服用，预防劳动后疲劳；用白埔姜煎汤，加1个猪脑、适量的冰糖炖服，可以治疗头痛；在猪心、猪肺里加入积雪草、商陆炖服，可治疗咳嗽、哮喘；用六棱菊与鸡、鸭、猪肝及冰糖炖服，可治疗夜盲症。[②]积雪草具有清热利湿、解毒消肿的功效。福鼎畲族人民在春天，会上山挖取积雪草，炖猪肚内服，可以祛湿、理气血、温胃，在夏天食用

① 参见朱美晓、鄢连和、杨婷婷、吴婷：《浙江畲族民间药膳资源调查与分析》，《中成药》2016年第10期。

② 参见徐成文：《畲族食物疗法》，《医药合璧》2018年第9期。

可以预防夏季暑气。① 福建省罗源县八井畲村人民爱食用的滋补性药膳有：（1）水奶草炖鸡或鸭。用具有活血补气之功效的水奶草炖新鲜的鸡肉或鸭肉，可以补养身体，加强体质。（2）八珍药炖鸭子。用熟地、白术、当归、川芎、枸杞、党参和茯苓等八味草药小火清炖鸭子，能够解除身体疲乏，补充气血。（3）药膳兔子。用苦刺草、土黄芪和牛奶子根炖煮兔子，可祛风利湿、滋补身体，治疗风湿病、腰疼等疾病。②

畲族地区涌现出许多用青草药治疗疾病的土郎中。1987年开展了对宁德地区从事畲医药工作人员的初步调查工作，据调查结果显示，大约有439人从事畲医药工作，其中福安有131人，霞浦有108人，福鼎有百余人，蕉城区有百余人。③ 据不完全统计，浙江省有百余名畲族土郎中。④ 他们主要采用藤本、木本、草本植物的根、茎、叶、花、果等青草药，治疗内科、外科、妇科、儿科、喉科等疾病，其医疗技艺多数属于代代相传，疗效显著。福鼎市管阳松的钟文镰，以开山草药店兼青草医为业，随父行医。20岁开始以青草为人治病，善于治疗儿科疳积，并擅长艾灸，医技独到，以擅长治疗久治不愈的疾病而闻名。⑤ 前歧大路村第五代传人钟大炳擅长用青草药治疗儿科疾病，罗

---

① 参见《福鼎县畲族志》编撰委员会：《福鼎县畲族志》，2000年，第201页。
② 参见张实：《福建省罗源县八井畲族村寨的民间医疗》，《中国民族民间医药》2008年3期。
③ 参见陈泽远、陈利灿、林品轩：《闽东畲族文化全书·医药卷》，民族出版社2009年版，第11页。
④ 参见雷后兴、李水福：《中国畲族医药学》，中国中医药出版社2007年版，第14页。
⑤ 参见《福鼎县畲族志》编撰委员会：《福鼎县畲族志》，2000年，第234页。

唇第六代传人雷大孙擅长以青草治疗内科、外科、儿科和妇科疾病，浮柳往里第八代传人钟刚钗擅长以青草治疗跌打骨伤科疾病。[①]被人们誉为"神医妙药"的丽水市平源乡道士醉村蓝马元，擅长用草药医治儿科疾病，行医长达80余年，诊治过成千上万的小儿疾病。1919年，一个小儿患"痉挛病"，7位"坐轿医师"诊治均无效，而马元仅用6帖药就治好了小孩的疾病。汤家一人得"紧风病"，住院治疗无效，经马元诊治，连服草药12帖，疾病治愈。云和县沙溪乡昌岱岗村蛇医雷祖根，擅治蛇伤。他曾用草药外敷内服，救治被毒蛇咬伤的人，毒消病除。平阳县顺溪镇南村蛇医雷大启，用草药专治蛇伤，被群众称为"蛇医仙"。武义县桃溪镇种子源村蓝贤翠，多用草药、针灸、拔罐治疗妇科、儿科疾病，行医近60年，治愈了数不胜数的妇女和儿童，经历数百例的难产，被群众誉为畲家"救命婆婆"。平阳县青街畲族乡九岱村黄家坑雷盛读，擅长治疗痘症、角眼肉症、星症、珠症、赤肉症、海蜇症等眼科疾病。行医几十年来，治病不辞劳苦，不计报酬，药到病除。当地群众称他为眼疾妙手神医。[②]福安市坂中畲族乡白岩下村兰银妹擅长治疗女性不孕症，溪尾乡怕岭村钟成瑞擅长使用中草药和祖传治疗喉科经验，自制刀具做切开咽喉部脓肿等小手术，罗源县松山镇八井畲族村雷志先采用中草药治伤名闻全县，影响到连江县、蕉城区等

---

① 参见《福鼎县畲族志》编撰委员会：《福鼎县畲族志》，2000年，第199页。
② 参见雷后兴、李水福：《中国畲族医药学》，中国中医药出版社2007年版，第14—16页。

地。^①

这些土郎中以问诊、看色和切脉为主，把疾病分为寒、风、气、血和杂症五大类。已经出版的《闽东畲族文化全书·医药卷》，就从众多畲族单验方中精心选出了374首，^②景宁县从多次畲族医药资源调查中，收集到了畲族民间用药验方318个。^③浙江省丽水市人民医院等6家单位承担的"畲族医药研究与开发"课题组建立了国内首个"畲族医药开发研究专用数据库"，"归并出450个病名、1000余张处方和1600余种民间常用畲药"^④。畲族土郎中用中草药治疗疾病的独到方法有：采集数张枇杷叶洗净绒毛煎汤服治疗咳嗽；用千人拔、水老鼠耳、野菊花各适量煎服治疗头风痛；刀伤出血，用龙须草搓粉敷之，血可以止住；采集土牛膝鲜根一两、鸡蛋两个煎后，加适量的黄酒，可以治疗痛经；用莲籽草炖田鸡治疗疳积；等等。^⑤福建省罗源县八井畲村有3个治疗跌打损伤的处方。处方1：当归尾、甘草、血沉香、肉桂、西洋参、川朴、青皮、生地、红花。处方2：川芎、生姜、牛膝、生地、厚朴、木香、肉桂、积壳、白芍甘草、山栀、陈皮。处方3：当归尾、川朴、川芎、红花、牛膝、生

① 参见陈泽远、陈利灿、林品轩：《闽东畲族文化全书·医药卷》，民族出版社2009年版，第8页。
② 参见陈泽远、陈利灿、林品轩：《闽东畲族文化全书·医药卷》，民族出版社2009年版，第70页。
③ 参见朱德明、李欣：《浙江畲族医药民俗探微》，《中国民族医药杂志》2009年第4期。
④ 章关春、何琦环、鄢莲和：《我国民族医药又一奇葩：畲族医药》，《中国中医药报》2008年9月1日，第8版。
⑤ 参见《福鼎县畲族志》编撰委员会：《福鼎县畲族志》，2000年，第199—200页。

地。将去内脏的白颈蚯蚓烘干，研磨成粉，加醋外敷，可以治疗丹毒。[1]畲医用草药接骨，方法独特又疗效显著。福安市穆云畲族乡燕科村雷晋金擅长用手法复位，用小夹板（鲜杉树皮、小竹片、小木片）固定、中草药外敷治疗骨折。中草药要用糯米饭、茶油或蛋清捣烂调匀后敷上，后期改用黄酒调敷。采用动静相结合的方式，初时强调"静"，使部位固定，促进骨的愈合，三五天后出现"皮肤痒"，表示气血已运行，可以适当"活动"。适时适度活动可达到舒筋活络的效果，对治疗骨折起到良好的促进作用。[2]

三、充分合理利用植物

畲族居住在山区，林业资源丰富。宁德市畲族人口最多的福安市，31.81% 的畲族自然村位于西部、北部中、低山杉木、马尾松用材、水源涵养林区，海拔多在 800 米以上，千米以上的山峰有 28 座。18.07% 的畲族自然村位于东部低山油茶、杉木经济、用材林区，海拔高度在 500—800 米。50.12% 畲族村位于中部、南部丘陵防护、薪炭林区，海拔高度在 500 米以下。1987 年，"以畲族人口 60% 以上的村委会为主体的畲族行政村统计，林业用地为 299764 亩，占总面积的 72.03%。其中用材林 83175 亩，油

① 参见张实：《福建省罗源县八井畲族村寨的民间医疗》，《中国民族民间医药》2008年 3 期。
② 参见陈泽远、陈利灿、林品轩：《闽东畲族文化全书·医药卷》，民族出版社 2009年版，第 5 页。

茶 12928 亩，竹林 10065 亩，疏林地 5245 亩，未成林地 6812 亩，宜林荒山 101172 亩"[①]。山上的木材很多，各种木材有不同的性能和效用。畲族歌谣《斫柴歌》讲述了各种木材的功能：

> 落夯毛竹桠杨杨，当岗松柏好歇凉，
> 阴夯毛竹生好笋，暗夯树子抽心长。
> 茅茎烧火节节焦，棕树无桠直料料，
> 中年毛竹好破篾，老年杉树好起楼。
> 松柏直直唔到天，枫树青青唔过年，
> 杂树起楼不长久，各样柴树各样生。
> 第一柴名松柏香，松柏做勺舀沸汤，
> 做勺唔吓沸烫烙，做船晤怕大海洋。
> 第二柴名杉树王，杉树锯板白茫茫，
> 第一能起皇帝殿，第二能起老爷堂。
> 第三柴名榛子秀，榛子开花白修修，
> 榛籽做油多人食，小娘抹头光溜溜。
> 第四柴名桐柚昌，桐柚开花心里黄，
> 桐籽做油多人点，照落郎寮朗皓光。
> 第五柴名是杨梅，杨梅作仔桠垂垂，
> 开花杨梅不作仔，作仔杨梅毛花开。
> 第六柴名是楮柴，楮柴曲曲好张犁，

---

① 《福安畲族志》编撰委员会：《福安畲族志》，福建教育出版社 1995 年版，第 208—210 页。

楮柴能做家伙使，三月一耕好世界。

第七柴名赤栋茎，赤栋做秤手上抨，

大秤小斗你莫使，戥出量入要公平。

第八柴名是石榴，石榴作仔叶裘裘，

石榴作仔多心事，多情阿妹多人求。

第九柴名沙木柴，沙木生钉全身呆，

沙木留大做风水，莫来倒东又倒西。

第十柴名是南檬，南檬锯板白如银，

做成高橱矮桌子，赔男嫁女做嫁妆。[①]

（一）采薪烧炭

畲族村寨的林业用地面积占据总面积比例高达 70% 以上，其中涉及木材的面积又占据绝大部分。[②] 凭借着丰富的木材资源，自古以来，上山采薪烧炭，出卖柴炭成为畲族人民常年的副业。从明、清至民国时期，福州市畲族人民以一年四季挑柴卖炭为主要经济收入来源。据 1950 年调查，罗源县城关居民薪炭是由南洋村、黄家垮村等一带的畲族人民提供的，连江县城关及沿海乡镇的柴炭则靠罗源县霍口、连江县小沧、潘渡等地

---

① 钟发品：《畲族礼仪习俗歌谣》，中国文化出版社 2010 年版，第 153 页。

② 参见《福安畲族志》编撰委员会：《福安畲族志》，福建教育出版社 1995 年版，第 210 页。

山区畲族人民提供。①丽水市莲都区永丰乡上村畈兰陈连家收藏了一本《放广木》歌集，共有48首，具体讲述了采薪的时间、男女齐上山、搭木筏运输、投售与山规民约等采薪事项。②在每年农历一到二月、六到八月、十一到十二月的农闲阶段，不论男女老少，从七八岁起到六七十岁的人都上山砍柴，下市卖柴，但是多数时间，绝大部分还是畲族妇女从事采薪活动，采薪是畲族妇女在农事劳作之外的第二大副业。畲族妇女尤为吃苦耐劳，即便有不到一岁的小孩，如果家中没人照顾孩子，就背着小孩上山砍柴。砍柴时，先喂饱小孩，把小孩放在草地上，或者用背小孩的布带把小孩捆在树脚下，砍好柴，整好柴担，再用布带背起小孩，肩上挑着柴担，背上驮着孩子，唱着山歌，高兴地回家。由于不拥有山林所有权，不得砍伐树木，大家只好去深山密林中寻找枯枝灌木，路途遥远，所需要的时间较长。大家一起上山采薪，一般都会随身携带午餐，脚穿草鞋，身缚一把草刀。到深山老林后，各自分开，分头寻找薪柴。为了便于联系，大家一边砍柴，一边唱砍柴歌、情歌等山歌。采薪的特色主要体现在柴担上。畲族柴担，称为"畲客担"，畲族民众从小就要学会整畲客担。"柴担的特点是：柴捆成长方体，二头齐且白。""齐"是指每一根柴的长度相同。"二头白"是指

---

① 参见福州地方编撰委员会：《福州市畲族志》，海潮摄影艺术出版社2004年版，第133页。
② 部分内容参考了雷伟红：《畲族习惯法研究——以新农村建设为视野》，浙江大学出版社2016年版，第232页。

每根柴的两头是刀痕，没有叶子。"前后捆柴用一根扦担扦上，成60度左右。每捆又分2小捆，每小捆是底面为正方形的长方体，一挑分为4捆。"①有的是"将松枝、杂木枝或者细芒（芒萁草）等，捆成圆柱状，以木制或竹制的两头溜尖的串担串成一担"。此外，还有"柴片，多为松木劈成，也有杂木劈成，柴片盛放于竹制的'柴挟'上，以木制扁担加拄杖挑运"。②男女老少全家出动，上山一边耕作一边砍柴，二者兼顾。"男女赴山耕作……执柴刀采薪以供炊爨。"③畲族民众采薪供自家用，村中若有红白事，每户人家还会送一担柴作为礼物，供主家烧饭做菜用，除这些外，大部分当作商品拿到市场去出售，以换取生产资料和生活资料。浙江遂昌县畲族山歌云："挑柴挑到北隅街，财主看见来买柴……"遂昌县志记录当地畲族人民一直到清末还"鬻薪入市厘，隆冬双脚赤，人生重本务，耕作有作积"。《处州府志》云："男女皆力穑，时或负薪鬻于市。""三五女负薪，鬻市两脚赤。"④中华人民共和国成立前，卖薪是景宁畲族自治县惠明寺村畲族人民主要的经济来源，该村不论男女老少，都有过卖薪的经历。为一担柴薪翻山越岭，攀缘于峭壁山巅，从砍

---

① 雷弯山：《畲族风情》，福建人民出版社2002年版，第19—20页。

② 《福安畲族志》编撰委员会：《福安畲族志》，福建教育出版社1995年版，第662—663页。

③ 余钟英：《古田县志》，民国二十九年（1930）铅印本，载《中国少数民族社会历史调查资料丛刊》福建省编辑组、修订编辑委员会：《畲族社会历史调查》，民族出版社2009年版，第334页。

④ 周荣椿：《处州府志》清光绪三年（1877）刊本，载《中国少数民族社会历史调查资料丛刊》福建省编辑组、修订编辑委员会：《畲族社会历史调查》，民族出版社2009年版，第343—344页。

伐到整理柴担，再挑回家，需耗时大半天。再肩挑着柴担，从村里出发，沿着山路步行十多里，来到景宁县城边的公路上，在那儿等候着买家来"问薪"。买家会找各种理由，把柴的价格尽量压低，如会说这担柴不够干燥或不禁烧。畲族人民比较实在，不会还价，只要有人买，即便是价格低点，也愿意卖出去，尽量不要挑柴回家。因为从家里担柴出来的目的就是把柴卖出去，将卖柴的钱用来买家里急需的盐、火柴和麻线，所以卖柴的钱比较少。即便如此，有的时候，要把柴卖掉也需要花费大半天的时间。[①] 在云和街上卖硬柴、柴片者多数是畲族民众，民国三十二年 (1943)，云和复兴乡研究本地畲民云："畲人田产甚少，男女勤劳作犹难生活，经济困乏，大都挑柴度日。"[②] 除采薪外，烧炭也是一项副业。有的人甚至靠烧炭为业。畲族山歌《烧炭歌》记载了烧炭人在山中一年的酸甜苦辣：

烧炭歌

正月斩柴去那边，掉了爷娘丢了妻；

掉了夫妻没关系，掉了爷娘心有愧。

二月斩柴二月二，去到柴山笑眯眯；

有说有笑快过月，没说没笑难过时。

---

① 参见王逍：《走向市场——一个浙南畲族村落的经济变迁图像》，中国社会科学出版社 2010 年版，第 102 页。

② 中共云和县委统战部、云和县人民政府民族科：《云和县畲族志（草稿）》，1993 年，第 56 页。

三月斩柴三月三，鸡啼吃饭就到山；
手把斧头快快砍，一心赚钱也很难。

四月斩柴是插田，爷娘寄信叫抽秧；
早回三日不叫早，晚回三日满田青。

五月斩柴五月上，站在柴山叫声娘；
一日只赚三顿餐，三顿没吃极难当。

六月斩柴热难当，站在柴山叫声娘；
一身裙衫破烂了，没娘补衫极难当。

七月斩柴七月半，手拿账簿满店算；
大店小店都算了，算了柴山倒一半。

八月斩柴八月前，不冷不热好过年；
爷娘寄信早来回，没要耽搁在路边。

九月斩柴是重阳，糯谷割来酿酒尝；
大大小小喝一盏，我郎喝盏黄连汤。

十月斩柴是收冬，爷娘寄信回收冬；
早回三日不算早，晚回三日满田空。

十一月斩柴过山坳，赚来钞票一大包；
回到家中给娘看，爷娘看了眯眯笑。

十二月斩柴是过年，爷娘寄信叫过年；
赚得有钱心快活，赚不来钱苦一年。①

———————
① 林莉君：《温州地区畲族风俗歌之民俗场景及其类别特征（二）》，《浙江艺术职业学院学报》2008 年第 6 期。

烧炭的工具主要是一把柴刀，炭窑是在就近的坪地，挖一个圆形的窑，洞口小，上面用泥土封顶。洞口和顶的出烟处，等炭烧好后就封闭，把明火熄灭，等炭冷却后，再取出。广东各地畲族人民在中华人民共和国成立前后，家家都从事烧木炭这项副业。中华人民共和国成立前，生产的木炭数量要多一些。1954 年生产的木炭数量较之前减少一些。潮安县李公坑村，1954 年木炭生产总值约 690 元，每户平均收入 40 多元。博罗县嶂背乡两个村，100000 斤木炭生产总值 1700 元，每户平均收入 58 元，约占家庭总收入的四分之一。畲族人民用于烧炭的原木材较好，烧炭技术相较于外地人要高些，生产出的木炭价格虽然高，但是因其质量较好，比较容易出售。[①]20 世纪 50 年代中期及以后，木材资源日益减少。到 20 世纪 80 年代，随着种果树、茶叶、油茶和重新造林等开发性生产的发展，担柴挑炭的现象日益减少，从事筑窑烧炭等副业的人在畲族村庄锐减。[②]

（二）用苎麻和靛蓝织布染色做衣服

栽种靛蓝和苎麻，织布、染色制作衣服穿。20 世纪 50 年代之前，畲族人民家家户户都种植靛蓝和苎麻，妇女纺织成苎麻布，用靛蓝染成青色、蓝色制作衣服。夏天男子的传统服饰，

---

① 参见《广东畲民识别调查》，载《中国少数民族社会历史调查资料丛刊》福建省编辑组、修订编辑委员会：《畲族社会历史调查》，民族出版社 2009 年版，第 32 页。
② 参见《福安畲族志》编撰委员会：《福安畲族志》，福建教育出版社 1995 年版，第 663 页。

上衣为大襟苎麻布衫，下衣为苎麻短裤，颜色为青色或蓝色。[①]
广东潮州凤凰山区一带畲族男子服装的用料，多数是妇女自己
纺织的苎布。男子上衣有两种，一种为短服苎布衫，另一种为
大襟苎布长衫，衫均为圆领，颜色为青色或蓝色。这两种苎布
衫有长袖与短袖之分，有夏装和冬装之别。裤子也有长裤和短
裤之分。夏天，男子穿苎布短褂和短裤，冬天穿苎布的长袖大
襟布衫和长裤。畲族妇女的传统服饰，平时上身多穿苎布衣衫，
下身穿着苎布的短裤或长裤。[②]畲族男女苎布服装的原料是苎麻，
由自己种植。每到清明时节，在田沟里种上苎麻种，施以人粪、
畜粪等农家肥，用草木灰覆盖。过一段时间，给苎麻除草。到
立秋时分，长到两三尺，就可以收割。第二年立春的时候，在
种苎麻的田里除草，晒干，铺上稻秆，焚烧，到芒种时节，又
可以收割。此后每年大约在农历五、七、九月可以收割三次。
畲族妇女把收割回来的苎麻加工成苎线，俗称为"泅苎线"。把
苎麻去掉骨头，剩下的为苎麻皮，再用小刀削掉外层的青皮，
待内层的白皮晒干成白中呈黄色的时候，用水浸湿，再撕成丝
状，捻成细线，通过糊浆拉紧扭直成苎线。用纺车将苎线丝纺
成线团，再用"楠机"织布机，织成苎布。苎布用溪水漂白，
再用青靛、蓝靛染成青、蓝等色，便成了苎麻布，再用苎麻布

① 参见《福安畲族志》编撰委员会：《福安畲族志》，福建教育出版社1995年版，第
649页。
② 参见石中坚、雷楠：《畲族祖地文化新探》，甘肃民族出版社2010年版，第189—
192页。

制作成衣服、裙子、蚊帐、布袋等。纺纱织布工作由妇女完成，农历七八月和冬季农闲时分，或在茶余饭后，或在每天劳作之余，或在雨天、雪天无法外出劳作的时间，畲族妇女都在忙于纺织苎布，织苎布成为畲族妇女的第三大职业，无论是未出嫁的阿妹还是年迈力衰的阿婆，都是拧苎线织苎布的能手。20世纪50年代以后，种苎织布现象日渐减少。到20世纪80年代，畲族村庄已经很少种植苎麻。20世纪90年代以后，畲家苎麻布已是量少价高的特殊物品。① 畲族歌谣《栽苎》《织苎布歌》讲述了畲族种植苎麻，并用苎丝织布的情况：

栽　苎

园那翻了分四厢，苎头来插排四行，

三月清明抽花样，苎头卜笋青茫茫。

立夏过了小满离，正是头季收苎时，

记得古人一句话，苎种过了苎粘皮。

五月苎老便要做，兄弟双叫馆内坐，

姐妹双叫去割苎，苎那割转就便破。

苎那割转就便刮，苎皮担去水面泡，

手把苎刀来刮苎，苎那刮了便晒燥。

苎片晒燥便破丝，手掏苎笼贮苎丝，

苎丝又放衫旗上，苎笼来贮织了丝。

---

① 参见《福安畲族志》编撰委员会：《福安畲族志》，福建教育出版社1995年版，第220、661—662页。

丝那织了就要耕，纺车来纺响铃啷，

双脚过踏纺车上，行行苎丝纺成线。

苎线纺了便要牵，贤娘耕布坐机沿，

后脚过踏前脚步，手搯勺仔转连连。

七月过去八月来，杆布人姐笑嗳暖，

坐落楠机车上使，行行苎线耕落来。

布那耕了便搯去，问郎着白是着乌？

郎那着白娘会洗，郎那着乌学染布。

布那染了便剪衫，着转身上齐来抨，

贤娘肯织都是苎，懒人不织无布耕。"①

织苎布歌

苎丝织了便来织，纺布车头工工响，

双脚踏在纺车上，五根苎丝纺成线。

纺车来纺转连连，贤娘牵布织机乾，

后脚又踏前脚步，手把梭子转连连。

布那织了便抱去，问郎穿白是穿乌，

郎那穿白娘会洗，郎那着乌学染布。②

---

① 雷志华等：《闽东畲族文化全书·歌言卷》，民族出版社2009年版，第308—309页。
② 钟发品：《畲族礼仪习俗歌谣》，中国文化出版社2010年版，第146页。

（三）用竹子编制竹制品

畲族人民用竹子编制竹制品堪称一绝。由于畲族地区一般位于大山之中，这样得天独厚的自然环境，使得山上盛产竹子，有着丰富的竹资源，而且竹子的种类也十分丰富，其中比较有代表性的有斑竹、凤尾竹、金竹、石竹等等。勤劳聪明的畲族人民就地取材，以盛产的竹子为原材料，运用自己的智慧，从选料、破竹到染色、喷漆等几十道工序对其进行加工，赋予竹子更大的用处，使之成为日常所需的用品和工艺品，也使竹编成为畲族一绝，并带动了竹制手工业的发展。畲族人民用竹子制作出来的生活用品和工艺品，技术精湛、造型优美，而且富有民族特色。畲族人民对竹编用品十分喜爱，如浙江省文成县培头村就通过竹编，制作了"门帘、箩筐、火龙厢、斗笠、提篮、枕头、挂帘、椅子、屏风等日常生活用具"。[①] 畲族人民用竹子编制的生活用品还包括生产、生活使用的番薯篮、箩筐、谷席、土箕、斗笠、竹床、竹椅、竹席、竹扫帚等。除了自用之外，这些竹编用品还出售。同时，在畲族人民长期的历史实践中，竹编逐渐演变成了一种传统的生产技艺，成为畲族很多人的谋生手段。

在竹编的生活用品中比较有代表性的是竹编斗笠，也被称为"花笠"。一顶斗笠上往往竹篾就有两百多条，在斗笠上面有着

---

① 邱国珍、邓苗、孟令法：《畲族民间艺术研究》，中国社会科学出版社 2016 年版，第 139 页。

不同的花纹，同时在编制斗笠时还要配上红绸带、白色的带子以及不同颜色的珠子，看上去精致轻巧、外观优美，做工精细。在过去，畲族斗笠是畲族妇女专用的遮阳工具，畲族妇女在赶集或走访亲友时都会带上。随着历史的变迁，它又逐渐演变成了一种装饰物，尤其是编制的比较漂亮的斗笠也成为畲族姑娘出嫁时的陪嫁品之一。随着旅游业的发展，畲族人民编制的斗笠受到很多游客的青睐，斗笠这种日用品、装饰品又变成了工艺品。畲族人民通过大量地编制斗笠，从中获得一定的收入。

　　畲族的竹编不仅仅用于满足日常对生活用具和器皿的需要，而且更是一种传统的生产技艺，很多人靠此来谋生。随着竹编用品越做越多，畲族人民的竹编手艺也越来越好。在竹编实践中，当技术达到炉火纯青的地步，越来越精美的竹编艺术品也就诞生了。如"畲族的鹅形筐，就编制得栩栩如生，美观实用"①，受到很多民众的喜爱。当然，从一般的竹编生活用品到比较精美的竹编工艺品，这个过程是循序渐进的。畲族竹编的生产技艺甚至一度还成为具有一定规模的手工产业。如"竹编斗笠比较有名的有福建省宁德市霞浦县崇儒畲族乡水上村所编制的花斗笠。其不仅历史悠久，选材讲究，而且做工精细，美观大方，然而随着年代的久远，现代几乎已经失传了"②。由此可

————————

① 邱国珍、邓苗、孟令法：《畲族民间艺术研究》，中国社会科学出版社2016年版，第140页。

② 邱国珍、邓苗、孟令法：《畲族民间艺术研究》，中国社会科学出版社2016年版，第141页。

见，水上村的花斗笠曾经是具有一定规模的产业，村中的男女老少参与其中，不仅能赚取费用，维持日常生活所需，还把花斗笠销往各地，闻名遐迩。

第六章　保护生态环境的规约

第一节　水资源的保护规约

一、节水用水规约

畲族人民对水资源的保护意识浓厚。广东潮州凤凰山一带的畲族有节约用水的规定：不得污染水源，不得浪费水。浪费水的人，死后是要还"水债"的。在畲族人民心目中，水是自然带给人类的礼物，十分宝贵，一定要珍惜，不得污染水源，也不得浪费水。因此，长辈经常教育下一代，要保护好水源，千万不能浪费水，浪费水的人，死后不仅要还"水债"，在阴间还要受到最严厉的惩罚。就像活着的人，犯下"十恶大罪"受到严厉的惩罚一样。这种注意保护水资源，节约用水的观念，代代相传，并深入人心。在凤坪村，有一条小溪流过村里，流向其他村庄。为了不污染水源，村里的家禽、家畜不许到处走，动物粪便、垃圾杂物不得随处堆放，人人都要节约用水。有位婆婆洗菜，常在塑料盘里洗，分两次洗，每次用的水较少。每次洗后，不是将洗菜水直接倒掉，而是再次利用，浇灌门口种的向日葵。虽然她家门口有一条小溪流过，且处于上游，但是为了使水源不受污染，下游的人能喝到干净的水，她从不直接在水渠中洗。虽然取水十分方便，但是为了节约用水，她仍用塑料盘子装点水洗菜。[①]

二、自来水的使用和管理方面的村规民约

有的畲族村庄制定了关于自来水的使用和管理方面的村规民约。根据笔者 2005 年暑假的调查，20 世纪 80 年代以前，云和县山脚自然村未通自来水，村民到水井里挑水喝。20 世纪 80 年代时，曾在县有关部门的资助下，村民出工出力安装过自来水设备。由于没有维护管理资金和管理者，没有实行有效的管理制度，村民们只喝上了一两年自来水。鉴于此，村里少部分村民自己出钱装自来水设备，大多数人到井里挑水喝。20 世纪 90 年代，为了改变这种状况，村里有位德高望重的老人开始着手解决问题，尽管他年事已高，但身体健康、言行举止稳重得体，

[①] 参见石中坚、雷楠：《畲族祖地文化新探》，甘肃民族出版社 2010 年版，第 183 页。

是个有文化又热心肠的人。老人多次跑县城各个单位，筹集到经费后，率领全村人一起修建蓄水池，铺设自来水管，使全村人都喝到了自来水。为了加强管理，在他的建议下，全村人推举出两位热心为大家服务、为人厚道的管理者，每家每户都装上水表，并制定了村规民约，规定了管理者、村民的权利和义务。其中管理者负责自来水的管理和维修，年终到每户收自来水费，并张榜公布每户的自来水使用情况、收取的费用，以及该年度自来水费用总的收支情况和历年的结余。同时他可以象征性获得每年 200 元的管理费报酬，得到更多的是村民的信任和爱戴。为了让村民节约用水，规定村民用水每年按吨来收费，每吨水收费 3 角，年终结算，村民盖新房要安装自来水收取 100元安装费，这些费用为维修和管理资金。①

第二节　森林保护的规约

一、植树造林习惯

畲族有人工造林的习惯。福鼎畲族人工造林始于 1747 年（清乾隆十二年）。根据浮柳《蓝姓宗谱》记载，蓝文显、蓝文发带领族人兴业植树，在柯岭脚到孤岭头沿岭 20 余里的路旁，

---

① 参见雷伟红：《浙江畲族宗法制度初探》，《浙江工商大学学报》2010 年第 1 期。

植树千余棵，作为"路荫林"。到 1949 年，这些松树大的，直径有一丈多，小的，也有八九尺。1905 年，畲乡大兴养蚕，种植了 4000 多株桑树。1926 年到 1947 年，又持续造林 3000 多亩。1950 到 1957 年，畲族人民造林 6900 多亩。1958 到 1965 年，造林 3700 多亩，但因该期间大炼钢铁而砍伐林木烧炭，致使林木遭受毁灭。1966 到 1976 年，造林 20000 多亩。1977 到 1990 年，国家对畲族地区采取了种子、苗木、款项扶助措施，以及实行划定社员自留山，稳定山林权，落实林业生产责任制，简称为林业"三定"政策，形成了国家、集体、个人一起造林的新局面，推进了林业的发展。到 1990 年，"林业总面积达100000 亩。其中杉树 6000 亩，松树 50000 亩，毛竹 5500 亩，经济林 2021 亩，阔叶林 36749 亩，森林平均覆盖率达 71.5%，木材总蓄积量为 100000 立方米"[1]。

　　福安市畲族村庄主要在山上种植松树和杉树。每年农历十二月到第二年的正月，可到山上栽种松苗或杉苗，用山锄挖一个穴，将松苗或杉苗插入穴中，用土掩埋。3 年后小松树或杉树"开头"，将树下杂草锄掉，勾去最低的两层树权。畲族村庄一般山地多数实行松杉混杂栽种。先种植杉树，3 年后，再栽种松树，一般要经过 15—20 年后才可以采伐。[2]

① 《福鼎县畲族志》编撰委员会：《福鼎县畲族志》，浙江温州龙港南华印刷厂 2000 年印刷，第 106—108 页。
② 参见《福安畲族志》编撰委员会：《福安畲族志》，福建教育出版社 1995 年版，第 212 页。

二、护林防火规范

畲族对山林防火采取的措施，主要是设立了专门机构，即护林委员会，明确其职责。20 世纪 60 年代后，福安市乡、村委会增设护林委员会，规定了护林委员会职责范围。如 1963 年 4 月 21 日，穆阳区公所《关于乡、民族乡合作委员会中增设护林委员会的通知等》中标明护林委员会职责范围："一、必须经常向群众开展护林防火重要意义和'防重于救'的积极扑灭的宣传教育。二、积极领导社员严格遵守护林防火的政策和规定，严防一切破坏山林的活动。一旦发生火警则应及时报告上级并要发动群众积极扑灭。三、护林防火工作上有发生事故，必须立即找出原因，追查责任，及时处理。"[1]罗源山区畲族群众为了防止人为烧着路边杂草而引起山林火灾，就有铲路（修路）习俗。每年中秋节过后，各村会组织群众将村路、山路与田头的杂草铲除干净，平整路面，方便人们通行与来年耕作。[2] 还对烧毁山林者规定了处罚措施。广东潮州凤凰山一带的畲族村庄在以往有如下不成文的规定："烧毁山林者要向族亲道歉，向各家各户送糖果，罚出钱请戏班演戏，请求族人的饶恕，并自觉插苗补

① 《福安畲族志》编撰委员会：《福安畲族志》，福建教育出版社 1995 年版，第 213 页。
② 参见福州市地方志编撰委员会编：《福州市畲族志》，海潮摄影艺术出版社 2004 年版，第 407 页。

种，赔偿经济损失。"①

三、保护森林的族规

在家谱族规中规定保护森林的条款。畲族很早就重视森林的保护，有些畲族族谱中讲明了种植树木、保护树木的重要性，主要是为了"培荫风水"。"风水是以人的观点来看山水（自然环境），并从而得出对山水环境与人居场所之关系的判定、图解和确认。人们通过对山川模式的选取，力求达到人的生命韵律与自然韵律的和谐。"②福安县溪柄东山畲村光绪版《雷氏族谱·家训》云："山内老树，祖宗手泽所存，原以护卫风水，任意砍伐，根株殆尽，殊非克肖！子孙嗣后，务必爱惜，留录成林，庶郁郁葱葱方成一族之观。"③清光绪三十二年（1906）修的甘棠田螺园《雷氏族谱》更是指明了先祖栽种榕树的目的："和佐公手栽插榕树一株后门，以为远远世世合族培荫风水。"光绪十六年（1890）《上和庵钟谱》载："人有栖身之地，方可安生乐业，大凡村落皆有树木环卫互荫，望之郁郁葱葱称为胜地，即生聚绵长之道也。吾族后崎险，更宜培植树木以御风水，现在前人培植成林可为百年大计，亟须协力保护，毋得妄为剪

---

① 石中坚、雷楠：《畲族祖地文化新探》，甘肃民族出版社 2010 年版，第 233 页。
② 蓝炯熹：《畲民家族文化》，福建人民出版社 2002 年版，第 283 页。
③ 蓝炯熹：《畲民家族文化》，福建人民出版社 2002 年版，第 286 页。

伐。"①光泽县司前积谷岭村《积谷岭雷氏族谱》云："来龙山及下砂水口门前石墩，族中培植攸关，不可挖毁以伤地脉，树木必须葑蓄，毋得伐贼，以坏根本。"②正是因为畲族人民非常重视树木的栽种，在村寨的村口、后门山或紧靠村旁的厝兜山都留有拔地参天的松、杉、樟、榕、枫等大型乔木。这些树木既有挡风聚气之功效，又维护了小环境的生态。③闽西永安市的青水畲族《钟氏族谱》中共有十二条族规，其中第五条规定："禁止毁坏山林，保留山林茂盛，水源才不至于断绝。"④畲族人民已经充分认识到山林滋养水源的重要性，而规定这条族规。正是拥有了这个第五条族规，畲族人民才拥有青山绿水的美好家园。

为了加强对森林的保护，畲族在族谱的族规中规定禁止盗伐、砍伐，违反者将受到处罚，处罚措施分物质、人身和精神方面。物质方面主要是为了制裁违法者，部分乃至全部剥夺违法者的财产。有公罚，将罚款作为集体所有。金华兰溪下吴村《流川雷氏宗谱》记载了《遂安流川雷氏族谱家规》，第五条规定："祭墓当如期致敬，至于荫木，尤宜培养，毋得砍伐。其有犯者必重罚之，至若远众顾私魅祖坟者，责令修改，以不孝治罪。"⑤遂昌高桥《平昌雷氏宗谱》记载的《新建祠内公议裕后规

---

① 《福安畲族志》编撰委员会：《福安畲族志》，福建教育出版社1995年版，第642—643页。

② 《积谷岭雷氏族谱》，清同治元年（1862）重修。

③ 参见蓝炯熹：《畲民家族文化》，福建人民出版社2002年版，第286页。

④ 李文华、麻健敏：《青水畲族的宗族社会》，《宁德师专学报（哲学社会科学版）》1998年第2期。

⑤ 张世元：《金华畲族》，线装书局2009年版，第347页。

条》规定："本祠众山不许盗伐，违者公罚，着令赎回，恃强者控官究追，革出宗祠。"[1]云和县朱村乡小岗村《汝南蓝氏宗谱》中记载的《蓝氏祖训》规定："山林竹木维护屋基，譬犹人之有衣也，故谚有称乔木故家近似有理。本家住近乡落有所掌禁竹木柴薪，各宜管束，群小不可轻易斩伐，捉获之日当众公罚，以杜将来。"[2]对偷伐林木的处罚措施还有其他。有送猪肉的，如福安甘棠山头庄畲村规定："偷伐（林木）者必须给村内每户送上1至2斤猪肉。"[3]有杀猪分食的，如铅山畲族族规规定："偷伐禁山毁坏森林者，全村人齐赴其家，将其肥猪杀死，由全村人分食之。"[4]还有视家境好坏而区别对待的，景宁东弄村规定："偷烧他人山场，砍他人木头"，"家贫只退还原物并罚放火炮了事，家境好则罚请吃饭及赔钱"[5]。人身权方面惩罚措施主要是涉及族人的身体、生命及其在族中的权利、荣誉等内容的惩罚措施。有涉及生命健康权的处罚，广东潮州凤凰山一带的畲族村落规定，因贪财偷砍林木，除赔偿外，还要挨打[6]。有剥夺他人族中权利的处罚，如驱逐出村落，"惯偷则要赶出村落，永不入界"[7]。精神方面的处罚，主要是对违反者的声誉、信誉等方面

① 遂昌县三仁乡高桥《平昌雷氏宗谱》，民国三十六年（1937）重修。
② 浙江云和县朱村乡小岗村《汝南蓝氏宗谱》，民国二十年（1931）重修。
③《福安畲族志》编撰委员会：《福安畲族志》，福建教育出版社1995年版，第213页。
④ 铅山县民族宗教事务局：《铅山畲族志》，方志出版社1999年版，第242页。
⑤《1953年浙江景宁县东衕村畲民情况调查》，载《中国少数民族社会历史调查资料丛刊》福建省编辑组、修订编辑委员会：《畲族社会历史调查》，民族出版社2009年版，第12页。
⑥ 参见石中坚、雷楠：《畲族祖地文化新探》，甘肃民族出版社2010年版，第233页。
⑦ 石中坚、雷楠：《畲族祖地文化新探》，甘肃民族出版社2010年版，第233页。

施加不良影响，使其在精神上警戒起来，从而不再发生违法行为的惩罚方式。如斥责是执法者严厉地教育违法行为比较轻微的违反者。[1] 广东潮州凤凰山一带的畲族村落规定，禁止破坏村庄周围的古树，尤其是风水树，不准族人砍伐，违背者将会受到族人的一致斥责。[2] 这些处罚措施对于物质生活相对而言比较匮乏的畲族人民来说，是比较严厉的，这意味着畲族对森林的保护实行着最严格的制度。此外，畲族还规定了补救措施，注重砍伐树木后恢复原状。广东潮州凤凰山一带的畲族村落规定，砍伐经济林木，严格按照谁砍了，谁就要补种的原则办。[3]

不仅如此，福建光泽县司前积谷岭村的《积谷岭雷氏族谱》还记载了《禁后龙条规》，内容如下：

> 窃维嵩岳降灵，笃生贤哲；械朴挺秀，作起才能。伊古以来，城市乡村罔不藉山为本，而山尤藉木为蔽。譬之人身，山其体也，木其衣冠也。未有衣冠不具，而体有不寒者也。我村后龙本一乡气脉之所关。下至水口又一乡，保障之所系。往者，树木丛杂，茂林阴翳，以故家给人足，户口熙熙。迩来人心不古，取便目前，伐木掘蚓，伤残地脉。揆厥所以，皆我一姓自

---

① 参见雷伟红：《明清时期畲族家法族规制度的特色与价值》，载谢晖等：《民间法（2019年上卷·第23卷）》，厦门大学出版社2020年版，第44页。
② 参见石中坚、雷楠：《畲族祖地文化新探》，甘肃民族出版社2010年版，第184页。
③ 参见石中坚、雷楠：《畲族祖地文化新探》，甘肃民族出版社2010年版，第184页。

为摧残噎。本之既坏，末能弗衰。爰合众公议，将后龙山一带，上至山顶，下至山脚，里至起华石嘴，外至李姓隔界山窠。凡四至之内，不论同异姓人等，永不许入山樵采。俟三年之后，合众雇工入山挑开，所有松杉杂木，一概封蓄。暨东山下水口一路以上，当与谢异姓人等合同公禁。自禁之后，务宜父诫其子、兄诫其弟，倘有不遵者，勿论童叟，视同一例，小则公众议罚，大则鸣官究治。不得循情宽容，致弛禁约。

兹因修谱特分董事，四季管理，并付梓永为日后禁条张本之所具——

后龙有入山樵采者罚钱二千文。

后龙有人伐木者罚钱三千文。

后龙有掘柴兜者罚钱三千文。

后龙山脚有掘蚓者罚钱二千文。

后龙中心当岗不许蓄漂山，违者罚钱三千文。

后龙四旁漂山以现今所蓄为止，只许漂料不得藉枕漂山遂至樵采，其挑漂山之柴，不许携带回家，违者罚钱三千文。

后龙现今有松杉茶竹者归各人自己照管，其余日后成林者，俱归众，不得生端异议。

各家或有取耆心及取刀柄者，无论自己、别人，俱宜问过董事，如有私取者罚钱二千文。

下砂水口自东山下，以上其路下，不许樵采，违者罚钱二千文。

　　议董事有循情者，合众公议罚钱四千文。

　　议以上禁约有不依罚者，准许执谱鸣官究治，以肃禁约。"①

　　光泽县司前积谷岭村畲族人民将封山规约写进族谱，好让子子孙孙遵守，永远防护一乡气脉之所关的林木。

四、封山育林的规约②

　　各地畲族村庄都出台了封山育林公约。在每年的元宵节之前，每个村庄的各房房长、村中的老人等在族长的召集下，讨论商定封山育林公约的内容。一旦公约的内容议定之后，让一个人走在前面敲着锣，另一个人跟在后面，朗读公约的内容，一连数日，做到全村人人知晓公约的内容，而后遵守公约的内容。以后若有人违反该公约，将严惩不贷。违反公约的行为有对林木的乱砍滥伐、对飞禽走兽的乱捕乱猎和对药材的乱采乱挖等，处罚手段是让受罚者举办一场酒席，请全体村民来会餐，受罚者在会餐期间，当着众人的面向大家赔礼道歉，并担保自

---

① 《积谷岭雷氏族谱》，清同治元年（1862）重修。
② 本部分内容参考了雷伟红：《畲族习惯法研究——以新农村建设为视野》，浙江大学出版社 2016 年版，第 102、123、342、348 页。

已以后不再实施违规行为。① 罗源县八井畲村，在清朝的嘉庆年间，在每一年的清明节，都会邀请一个戏班到村里来演一场"禁山戏"。在"禁山戏"演出之前，将竹、杉、松和杂木等各类树枝悬挂在村中的戏台前面，表明从演戏之日起，无论谁都不准上山盗伐林木。同时，也会在各个重要的道路、山岔路口竖立一块"禁山牌"，内容规定从立牌之日起，人人禁止上山盗砍林木。如有上山盗砍树木的违规者，一经发现，最轻的处罚措施为罚款一至二元，较重的处罚措施为罚戏一本，最严重的处罚措施为将违规者交给县府处理。偷盗田园作物、农具等违规行为，一旦被查获，将视情节轻重责令其或鸣锣或鸣炮，示众周知。② 盗贼盗砍偷割源于"匪贼恣横"。在清朝的嘉庆年间，八井、横埭、竹里等畲族村庄多次遭到周边汉族村落的无赖之徒和牧童、樵夫偷割盗砍稻谷，纵容牲畜践踏，致使终年劳作，到头颗粒无收。即便抓获无赖之徒和牧童、樵夫等人，这些人如果不是特别强悍和行凶者，常常采用服毒等手段耍赖，畲族人民仅仅凭借自己的力量也根本没有办法将忧患彻底治理，将威胁消除，无奈之下，只得求助于官府。官府于是颁布告示，严禁此类事情再次发生，违者"按律究治"。③ 但这种偷盗到了

---

① 林茜茜：《论畲族环境保护习惯的地位与命运》，《重庆科技学院学报（社会科学版）》2012年第3期。

② 参见石奕龙、张实：《畲族福建罗源县八井村调查》，云南大学出版社2005年版，第225页。

③ 参见董建辉、林鸿杰：《习惯法与畲村内部秩序的维持——以福建罗源县八井村为例》，载丽水学院畲族文化研究所、浙江省畲族文化研究会：《畲族文化研究论丛》，中央民族大学出版社2007年版，第247页。

光绪年间变得更加猖狂。宁德市飞鸾镇长园畲族村，现在仍然保留一方光绪三年（1877）三月二十四日颁发的严禁匪徒盗砍盗割的碑刻。原文如下："本年二月廿三日，据二都长园村钟振德、钟振茂、钟朝扬、钟子如等呈称：缘德等世居长园村，族众均务农业度活……（乾隆十八年至嘉庆二十一年）先后承出三号山场之下，族人即在该山，依照四至内栽插竹木、茶树等物，并开垦园坪，栽种地瓜，历久无异。不期迩来匪贼恣横，名为偷窃，不啻己物。最惨者稻麦、地瓜尚未成熟，农民不忍动手，而盗贼忍心盗割盗掘，半遭偷窃，半遭蹂躏，触目伤心，痛恨奚极。至于桐杉竹木等件，稍长选择盗砍，值此茶季，盗摘不绝，农民遭扰，苦莫言状……据此，除呈批示外，合行出示严禁。"①

在民国时期，浙江文成县郑山底畲村制定了严禁山场约据，保护森林资源。

严禁山场约据：

> 立严禁山场约据：钟日处、钟四楚、钟碎泮、钟大赏四房众等，上祖移居郑山底地方历年已久，现有二十零家，所赖养篆竹木并柴薪草以充家用之资。乃物原各有主，向未认真严禁，以至山场濯濯。兹合村四房齐集商议，养篆培植竹木期望成材佐助家用，此

---

① 蓝运全、缪品枚：《闽东畲族志》，民族出版社 2000 年版，第 492 页。

后严立规，各业各管，毋许男妇妄行入山割薪扳枝以及拔草采抓松毛等情，田园六种货物均毋许内外恶徒盗窃，即泥鳅、蛇、田螺等物亦不准捞放拾捉，免致捐践禾苗。自禁之后各宜循规蹈矩，谨守禁令，为父兄者各子弟以期俗美风醇。如有恃蛮违禁，合地会集议论罚，毋许推却不前。倘有放肆抄禁，鸣官究惩，断不徇情，其各凛遵毋违。恐空无凭，立严禁约据为照。

山场养篆竹木杂柴薪草毋许妄行砍伐、采割扳枝，违者重罚；

田园所植六种果菜等件毋许内外棍徒盗窃，犯者重罚；

竹园春冬两笋各业各管毋许妄行挖掘，犯者重罚；

夏秋踏栏牛草田墈各行自割养山，不遵妄取，违者重罚；

泥鳅、蛇、田螺、田鸡等物亦毋许捞放拾捉践踏禾苗，违者重罚；

放白羊之家虽宜自谅，不许糟蹋人家六种，违者将羊宰杀敬众，毋贻后悔。

以上各项如有获赃报信者，赏钱贰仟四百文，恃蛮者则鸣官究治。

贰拾捌年二月日立严禁山场约据[①]

铅山畲族规定"村旁水口，房屋四周，溪港两岸，坟庙祠堂周围及'来龙山'上的树木不准擅自砍伐。油茶杉松、花木果树不轻易砍伐。封禁的方法有立禁牌、扎稻草、在竹茎上刻字、打锣宣告和杀肥猪吃封山饭等"[②]。福安市各畲山"封山育林对象有4类：（1）野生苗多又符合社会经济需用的；（2）有一定母树存在能利用天然下种成林的；（3）采伐迹地可利用萌芽更新的；（4）计划内连片种植的。封山育林形式根据畲村当地实际，结合群众利益，采用全封、半封、季节封和择树封等"[③]。畲族村庄的封山育林公约，既保护了山林资源，又促进了村民的经济收入。浙江景宁敕木山村实施了封山育林计划，制定了森林管理公约。内容有：经林业局批准后，村民只准在每年7月1日到9月30日这3个月期间挖笋与伐树，其余时间禁止挖笋与伐树。如有乱挖乱伐者，处以罚款20—50元外，还必须公开向全村认错。举报者可以得到50％的罚款的奖励。这个森林管理公约的实施效果非常好，在保护村落森林资源方面比林业局的法律条文还管用。大家都恪守公约，无人违反规定。一方面，该公约效力范围不仅涉及本村而且涉及附近的村庄。公约的内容也在

---

① 雷伟红：《畲族习惯法研究——以新农村建设为视野》，浙江大学出版社2016年版，第241—242页。

② 铅山县民族宗教事务局：《铅山畲族志》，方志出版社1999年版，第122页。

③《福安畲族志》编撰委员会：《福安畲族志》，福建教育出版社1995年版，第213页。

临近村庄张贴公布，使得外村人也知晓公约的内容。由于无论是本村人还是外村人都十分重视乡土声誉，不会为丢面子而违反禁令，因此，它有效地防止了本村人和外村人的违禁挖笋行为。另一方面，该公约内容因可以让全体村民得到利益而备受村民们的拥护。虽然每户人家的山林占有量不同，但是在允许挖笋与伐树的 3 个月内，所有竹林向全体村民开放，竹林较多的农户可以邀请无竹林户挖笋，防止竹笋太多不利于竹子生长，既保护了自家竹林，又和睦了邻里乡亲，各方获益。该公约既使得山林拥有一片绿色，保障生态环境，又可以让村民们通过两年卖一次树和卖毛竹的方式，提升经济效益，还有利于产业结构的调整。[①]

五、油茶管理规约

畲族居住地区油茶山比较多，在油茶的管理上，规定了封禁山制度。浙江省景宁县的一些畲族村庄、云和县山脚畲族村庄在每年采摘油茶之前，都要开封禁山会，宣布对采摘油茶子的规定：其一，规定统一采摘时间，正常年景都是霜降前 3 天开始摘，凡提前采摘者，作为偷盗处理。其二，规定奖惩办法，举报人一般按罚金 50% 奖励，并对举报人保密；对偷盗者处以一二元罚金。其三，规定每户轮流巡回护山，在主要山冈或山

---

① 参见王逍:《走向市场——一个浙南畲族村落的经济变迁图像》，中国社会科学出版社 2010 年版，第 276 页。

头上打锣，以锣警告，并口喊、讲禁山规定。其四，规定捡拾茶子时间。全村未采摘完不准捡拾，否则作偷盗论处。一般是霜降后4天可以开始捡拾油茶子。大家都自觉遵守封禁山制度，很少有人偷采油茶子。① 福安市的畲族村庄也是通过开封禁山会来讨论制定采摘油茶的规定。采摘油茶的时间限定在霜降节气的前3天，禁止提前采摘，不准私自采摘，以免带来混乱。为了使该规定被大家遵守，还采取了监管措施。村里的每户都派出一人轮流看山，做到每日早晚都有人在山上负责巡逻看管。一旦发现有人提前采摘，巡逻看管人就敲起竹梆报警，大家听到梆声后，纷纷赶往事发地点，对违规者进行处理。②

---

① 参见雷伟红：《浙江畲族宗法制度研究》，《行政与法》2009年第12期。
② 参见《福安畲族志》编撰委员会：《福安畲族志》，福建教育出版社1995年版，第212页。

第七章 畲族生态伦理的当代实践及其展望

第一节 畲族生态伦理的当代实践情况

一、生态农业

在农业方面，畲族在传统农耕文化的基础上，发展出多样化、标准化、有机化的山区生态农业，达到资源效益的最大化。多数畲族村庄发展生态特色产业，景宁畲族自治县大部分畲族村庄主要是发展惠明茶产业，还有一些村，例如海拔 800 多米的吴布村发展稻田养鱼。利用稻田水面养鱼，鱼吃掉稻田中的害虫和杂草，排出的粪便成为水稻的肥料，鱼翻动泥土可以提高土壤的肥力。稻鱼共生，可以产出鱼和稻米这两种生态有机产品，还可以增加水稻的产量。[①]继丽水市推出了一个区域公共品牌"丽水山耕"生态农产品，并有一定知名度之后，景宁县创建了一个区域公共品牌"景宁600"生态农产品。丽水市所辖的区域优质生态农产品成为"丽水山耕"生态农产品中的重要一员。景宁县域优质的生态农产品属于"景宁600"农产品和"丽水山耕"双重品牌产品。"丽水山耕"正如其名，是在山清水秀的丽水，在好山好水好空气的生态环境下，运用传统的生产方式耕作而出的生态产品，也是健康的产品，更是丽水绿色优质精品农业的展现。[②]这些生态农产品品牌的建立提升了生态农业产品的价值，"丽水山耕"品牌建立起来后，"短期内实现农产品溢价20%—35%……新增绿色、有机和无公害认证农产品191个，新增中国生态原产地保护产品4个。目前'丽水山耕'区域公用品牌背书农产品累计达675个"[③]，为生态农业的发展和兴旺带来了生机与活力，激活了生态价值，也使得生态农产品惠及当地农民。"2017年累计销售额达61.1亿元，产品溢价率33%。"[④]"2019年，丽水山耕品牌矩阵产品销售额预计超过80亿

---

① 参见《听说过吗？浙江这个地方的稻田里"长出"大量鲤鱼，村民靠它增收致富》，腾讯网的浙江之声，2019年11月13日，https://new.qq.com/omn/ 20191113/20191113A0I4U000.html。

② 参见唐斓：《丽水山耕，如何用四年时间做到了生态农业金名片》，新华网，2018年8月16日，http://www.xinhuanet.com/2018—08/16/c_1123281480.htm。

③ 潘超：《基于特色农业产业的区域品牌构建——以"丽水山耕"为例》，《江苏农业科学》2018年第5期。

④ 潘超：《基于特色农业产业的区域品牌构建——以"丽水山耕"为例》，《江苏农业科学》2018年第5期。

元。"①可以说生态农产品品牌的建立和提升与农业产业化的可持续发展相互促进，相辅相成。②

云和县安溪畲族乡和元和街道等地部分畲族村庄发展雪梨产业。"云和雪梨是指以'细花雪梨''真（陈）香梨'为代表的地方品种梨的统称，以果大、皮薄、肉脆、汁多、味甜等诸多优点而闻名，是丽水水果地方品种中唯一进入教科书，并以区域命名的水果品种。"③云和雪梨最早种植于明朝景泰年间，到现在已经有 560 多年的栽培历史，1915 年荣获了巴拿马国际博览会铜质奖。20 世纪 90 年代以来，云和县大力发展云和雪梨，推广先进技术，改良雪梨品种，引进早熟的翠冠、清香等优良品种，对雪梨品种实行早、中、晚搭配，使得云和雪梨产业布局更加合理。云和雪梨于 2003 年、2006 年 2 次获得中国果品流通协会颁发的"中华名果"称号，先后荣获国家级金奖 3 个，省级金奖 20 多个。2006 年以来，云和县政府通过先后开展云和雪梨展示会、"梨王"争霸赛、云和雪梨品鉴会等活动，弘扬云和雪梨传统文化，提升云和雪梨知名度。④2016 年，云和雪梨被列入国家地理标志农产品。安溪畲族乡着力发展雪梨，已经种植 3000 多亩雪梨，打造"梨花乡里"特色小镇。安溪乡有个一清

① 王井泉：《赋能"丽水山耕"，实现"两山"转化》，《中国品牌》2020 年第 1 期。
② 参见顾瑛：《农产品名牌战略与农业产业化结合初探》，《农业经济》2002 年第 9 期。
③ 柳项云、刘劲松、李慧：《"云和雪梨""菇童"上榜》，云和新闻网，2017 年 7 月 17 日，http://zgyhnews.zjol.com.cn/yhnews/system/2017/07/17/030250434.shtml。
④ 参见《云和县举办 2016 年安溪雪梨节暨首届登山节》，丽水市人民政府网，2016 年 9 月 28 日，http://www.lishui.gov.cn/sjbmzl/swgcbj/gzdt/201609/t20160929_1792641.html。

农产品专业合作社，拥有 500 亩雪梨基地。该基地在 2018 年被评为浙江省现代农业科技示范基地。2018 年实现产值 111.73 万元，2019 年生产云和雪梨产量约 15—18 万公斤，产值达 150—180 万元。该专业合作社选送的耘禾山耕翠冠梨品牌入选"2019 浙江省十佳梨"。近年来，云和县大力实施雪梨振兴计划，通过雪梨特色村建设、苏坑梨园打造、雪梨原生环境保护、省级种质资源圃建设、安溪千亩标准梨园建设等手段做大做强雪梨产业，加强云和雪梨品牌建设，推进云和雪梨深加工打造"雪梨膏""雪梨糖""雪梨酒"等产品，延伸雪梨产业链，大力发展特色优势雪梨产业。云和县还专门编制完成了《云和县"云和雪梨"一二三产业融合发展建设规划》，通过打造云和雪梨一带六区的方式形成云和雪梨一带（万亩云和雪梨精品产业带）一镇（云和雪梨特色强镇）一园（云和雪梨可持续发展示范园）产业布局。① 云和县成为名副其实的"中国优质雪梨重点县"，云和雪梨成为当地农民的致富果。

苏坑村是云和县闻名遐迩盛产老品种雪梨的畲族村落。老品种云和雪梨更是以其个头硕大、口味香甜而在众多品种中享有盛名。在云和县举办的多次梨王争霸赛活动中，苏坑老雪梨勇夺梨王桂冠，成为名不虚传的梨中之王。2015 年曾以重达 4.4 斤的老雪梨荣膺冠军。老品种云和雪梨在中秋成熟，具有果心

---

① 参见王凤凤、项大圣：《云和雪梨品牌入选"2019 浙江省十佳梨"》，云和新闻网，2019 年 8 月 26 日，http://zgyhnews.zjol.com.cn/yhnews/system/2019/08/26/031870398.shtml。

小、风味独特、耐储存的优点，还具有润肺清燥、止咳化痰等保健功效，被当地人尊为"水果之王"。该村比较出名的种植专业户 LXJ 介绍了自己种植和经营雪梨的经历：

在我小的时候，父亲就在山上的番薯地里种有几棵老梨树。那时候，每当家里的梨树结满了梨子，果子成熟的时候，我们兄弟姐妹爬上梨树，摘梨子、吃梨子，是我们最开心的时刻。梨子还作为礼物送给亲戚朋友，但我们从没想到要把梨子作为一个产业来发展。1998 年，村里的农户多数是做香菇、木耳生意的。我在做香菇、木耳之余，发现老雪梨个头大，味道好，是送礼的佳品，梨子的营养价值高，富含果糖、葡萄糖、多种维生素等营养物质。多吃梨的人很少感冒，医生把梨称为"全方位的健康水果"。我意识到老雪梨以后会有较好的市场，于是，我在山上种了二三十棵梨树。2000 年，云和县龙头企业仙宫果业通过调查发现，全国只有云和有老雪梨，老雪梨成为云和的特产，云和县政府开始出台扶持发展雪梨的政策，将老雪梨树苗送给农户种植。我们村居住在山腰谷地，土质是沙土，土壤肥沃，pH5.5—7，有机质含量为 1% 以上，山地森林环境空气清新，昼夜温差大，气候宜人，非常适合梨树的生长。当时做香菇生意，效益一年比一年差，于是我就改行种植老雪梨。刚开始的时候，我在旱地上种植了一两亩，村里也只有三五户种植雪梨。过了几年以后才有十几户种植雪梨。我把家里的山地开发出来，全部种上雪梨，有二十几亩，成为村里的种植大户，2012 年我跟村里的五个种植户一起，成立了民丰雪梨专业合作社，建设规划 200 亩，雪梨年产量 5 万斤。云和县雪梨产业也形成了一定的规模。2013 年，我扩大了种植规模，由于家里的山地有限，就到附近的沈村承包了三十来亩山地发展雪梨产业，这样的话，产量会高一些，效益也会好一点。产业兴旺是实施乡村振兴战略的基础。2018 年，云和县出台了《实施乡村振兴战略之产业兴旺政策 26 条》。新政策不仅提高了新种雪梨补助标准，规定农户只要种植 3 亩以上的，县里给予每亩地补助 1200 元，分 3 年兑付，第一年 600 元，第二年 400 元，第三年 200 元；而且还加大扶持补植改造、基础设施建设等，鼓足了发展壮大雪梨产业的动力。在政策的支持下，我们村成为雪梨产业的专业村。现在村里的每户人家基本上都有四五亩以上的雪梨。我现在有 60 亩梨园，只剩 1 亩地来种植放心的粮食。我的民丰雪梨专业合作社共有 130 多亩雪梨。我嫁接了一种新的品种，名为"翠绿梨"，这种梨个头虽小但皮薄汁多，果肉细腻无渣，入口既脆又甜，非常有利于清肠胃和肺部，颇受果友喜爱，它成熟时间早，价格较高。据科研人员最新研究，每日饭后细嚼一只梨，能够促使脾脏细胞增长，防止细胞癌变。可见，生产雪梨，特别是绿色有机雪梨前景广阔。家里的 60 亩梨树，都常年由我自己来管理。每年的冬季，要花 50 多天时间对雪梨树进行整形修剪。要进行两三次除草，除草的时候，从不用除草剂，而用人工除草，有时忙不过来的时候，会请人工，一般请两三个人，日工资 170 元左右，一次 20 天。每年给梨树施肥 3—4 次，冬肥占 60%，壮果肥 1 次，采摘后1 次，以土壤施肥为主，辅以叶面追肥。主要以有机肥为主，化肥为辅进行施肥作业，一般 100 千克梨果至少需施入有机肥（猪、牛粪、菜籽饼等）100 千克。在病虫害防治方面，按"预防为主，综合防治"的原则，合理采用物理防治与生物防治的办法，按照病虫害发生的经济阈值，适时开展化学防治。四五月份开始给梨子套袋，使用诱虫灯、粘虫板等措施防治虫害。人工繁殖释放天敌，在化学防治方面，首先使用高效低毒、低残留农药，如生物源与矿物源等农药，严格把控安全间隔期，尽量减少施药量和施药次数。我的雪梨通过质量检测，已申请了绿色有机认证，还注册了深山畲寨品牌，并进行包装设计，对此云和县政府也有补贴：第一年补贴 70%，第二年及以后每年补贴30%。我们还加入了"丽水山耕"区域公共品牌，有了这些商标之后，销售会更为有利。我每年都会参加农博会，去上海、杭州等地进行展销，参展费用县政府也有部分补贴，省内 3000 元，省外比如上海，一般是 5000 元。在杭州的农博会销售情况好，基本上车子拉去的七八百斤每年都能销售一空，销售额约 2 万元。目前的销售途径主要还是市场售卖，尚未进驻盒马鲜生等网络平台，尽管政府在这方面也进行过培训，但我们都没有去尝试。我们也通过微信销售，但是订单不是很多。因为现在的产量也不是很多，线下就能够卖完。去年的雪梨销售额为 40 多万元。我们村每户都建立了冷库，能保存梨子 3 个月左右。除了销售雪梨外，我还制作雪梨膏和雪梨酒。近年来，全国各乡镇努力发展"农旅融合"，苏坑村也不例外。政府出资进行基础设施建设，比如路面硬化、道路拓宽、游步道建造，还建设了一个雪梨观光基地，并配有公厕。在全域旅游的发展趋势下，实行春天欣赏梨花，夏天躲避酷暑，秋天采摘果蔬，冬天欣赏雪景的理念，推动乡村农旅相结合的特性化发展。2019 年由云和县政府出资，元和街道、苏坑村举办了一些活动，在梨花开的时候，举办赏梨花节，很多游客慕名前来赏花。梨园漫山飘白，绿叶争翠，花香悠远，惹人陶醉。最热闹的是在收获的时候举办的丰收节，各地的游客齐聚这里，品尝云和雪梨，口感松脆，回味百年浓情，畅游山水家园。浙江电视台、中央电视台第 7 频道都进行了拍摄报道，对云和雪梨进行有力宣传，提升了云和雪梨的知名度。[①]

二、生态养殖业

（一）养生态猪

养猪一直以来都是畲族人民的主要副业，猪是畲族人民收入的主要来源之一。猪有母猪、猪仔和肉猪。中华人民共和国成立之前，有些畲族村庄因粮食缺乏，较少养猪；中华人民共和国成立之后，几乎每家每户都养猪，养猪成为畲族人民勤劳致富的一项经济来源。1948 年，浙江平阳县王神洞畲族村庄，全村有 57 头猪，养的猪，自己极少食用，而是为了出售。还有的人家专门养母猪，生下小猪仔后，将猪仔养到 40—50 斤后出售。有的人家养种猪。[②]福鼎畲族在中华人民共和国成立之前，因粮食缺乏，生活较困难，缺钱买猪仔，平均 2.5 户养 1 头猪。1952年，贯彻"私有、私养、公助"方针，落实生猪派购任务，提升生猪收购价格，给贫困户发放养猪贷款，促进了养猪业的发展。到 1957 年，户均 1 头多猪。[③]广东潮安县山犁村、碗窑村

---

① 根据 2020 年 7 月 28 日在云和县元和街道苏坑村访谈资料整理而成。
② 参见《浙江平阳县王神洞畲族情况调查》，载《中国少数民族社会历史调查资料丛刊》福建省编辑组、修订编辑委员会：《畲族社会历史调查》，民族出版社 2009 年版，第 64 页。
③ 参见《福鼎县畲族志》编撰委员会：《福鼎县畲族志》，浙江温州龙港南华印刷厂2000 年印刷，第 110 页。

在 1954 年的时候，卖猪就获得了 1600 元，平均每户 36 元。养
猪成为他们重要的副业收入。[1]1958 年，江西樟坪养了 407 头猪，
平均每户 2.3 头猪，养的猪，除了自己食用外，还供应外地。[2]
据调查，1981 年，安徽宁国县云梯公社的雷金莲家，全年收入
共 901.5 元，养了 1 头猪，收入 105 元。在所有收入中，养猪收
入仅次于粮食（402.5 元）和笋干（310 元）的收入，排名第三，
占所有收入的 12%。[3]有的人甚至成为养猪专业户。据调查，20
世纪 70—90 年代，浙江云和县山脚畲族村庄，该村村民除了种
植粮食之外，家里还养猪，最少 1 头猪，多的人家养七八头肉
猪，因为当地有杀过年猪的习俗。有两三户人家养母猪，多的
人家养 3 头母猪。该村村民 LYQ 曾经是养猪大户，他介绍了自
己的养猪经历：

> 我主要是种田，家里有 2 亩地，种植稻谷。我们
> 村，有的人家劳动力比较少，田分给他，因缺乏劳动
> 力而没人种，我就把它租过来种，加上自己分的田地，
> 我种的比较多。那时候是种杂交水稻，产量较高，一
> 年种双季稻，收获的稻谷较多。我记得 1983 年，我卖

[1] 参见《广东畲民识别调查》，载《中国少数民族社会历史调查资料丛刊》福建省编辑组、修订编辑委员会：《畲族社会历史调查》，民族出版社 2009 年版，第 32 页。
[2] 参见《江西畲族情况调查》，载《中国少数民族社会历史调查资料丛刊》福建省编辑组、修订编辑委员会：《畲族社会历史调查》，民族出版社 2009 年版，第 192 页。
[3] 参见《安徽宁国县云梯公社畲族情况调查》，载《中国少数民族社会历史调查资料丛刊》福建省编辑组、修订编辑委员会：《畲族社会历史调查》，民族出版社 2009 年版，第 244 页。

了一万斤稻谷给国家，在全县获得了"种粮大户"的光荣称号，还得到了一些奖品，有热水瓶、蓑衣、锄头和买化肥的票。可以说吃饭是一点都没问题，但是由于种田的收入较低，光靠种田是无法维持家里的开支的，因此，家里还养猪，我在农闲的时候，还外出打零工。养猪是我们的老传统，以前我养一两头肉猪，因为养的时间不长，拿家里的剩菜剩饭来喂养，困难的时候还没有剩菜剩饭，只喂养猪草，所以，一般养不到一年的猪才一百来斤。猪是老品种的猪，说来是一百来斤，但猪肉有九十来斤就算大了，在过年前半个月左右，请杀猪的老师帮忙杀猪，我付给他工资。还请村里的亲戚朋友来吃猪肉，剩余的大部分猪肉拿去卖，小部分留给自家过年。养猪的收入也较低。家里有两个孩子，在读高中，各种费用支出较高，光靠种稻和养肉猪的收入还不够，没办法维持家里的经济生活，解决不了经济问题。由于养母猪要比养肉猪赚多一点，一头母猪一年可以生两胎，上半年一胎，下半年一胎。多的一胎有十几个，小猪一般养三四个月，有四五十斤重，就可以拿到市场去卖给别人。比起养肉猪，钱可以多赚一点。20世纪80年代，猪肉是六毛六一斤，小猪拿去卖，是一块四五一斤，一头小猪是四五十斤，收入要比肉猪高很多。于是，我在原先一栋猪圈的基础上，又建造了一栋猪圈，开始养母猪，也养肉猪，最多的时候，养三头母猪，年出栏猪仔至少三十头，还有三头肉猪，养猪的收入远远超过粮食收入，位居家庭收入的首位。养这么多头猪，需要很多猪吃的食料。我租种别人家的田地，主要种番薯和萝卜。番薯种两亩，番薯藤和番薯都是猪爱吃的食料。我还种一亩萝卜，养四五分地的水浮莲，母猪和肉猪的食料问题基本上解决了。小猪生下来头一个月吃母奶，后来拿大米烧稀饭给小猪吃。还有黄豆，用手工推石磨把黄豆做成豆腐娘，和到稀饭里面给小猪吃，小猪就长得很快了。养几年之后，才有饲料公司生产出猪的饲料来卖，有了猪饲料后，才让小猪吃少量的饲料。由于饲料较贵，我会在饲料中加稀饭喂养，降低成本。有一次，有一头母猪生下了十头猪仔，但母猪没有奶水，我只好买来了牛乳和奶瓶，用人工喂养小猪仔个把月，把我忙得累坏了。有时候，小猪生病，我自己给它们看病。我虽没学过兽医，但我是个赤脚医，略懂医理，买了几本书，边看边学，边摸索，后来小猪的小毛病也能医好。我们村及附近村当时也有好几户人家养母猪，小猪有病，他们请我，我都会去帮忙看病，只收取医药费和少量的医疗费。我养的小猪，一般是优先卖给村里的养猪户，剩余的再送到市场上去卖。村里的村民，差不多是乡里乡亲的，那时候，大家都比较贫困，多数在买小猪的时候，拿不出现金，我就赊账给他们，等他们把猪养大后卖了猪肉再付给我小猪的本钱。家庭困难的人家，还要在好几年后才能付清小猪仔的本钱。拿到市场上去卖的，是用现金交易的。我也算是间接地帮助了大家。养母猪和肉猪，真是我家的最大收入，它帮我解决了孩子的学费和各种家庭开支，可以说是家里的经济支柱。直到21世纪初，小孩学有所成，开始工作后，我才没有养母猪，只养几头肉猪。后来，我老婆到城市给女儿带孙女，我一个人忙不过来，家里也就没有养猪了。①

福安县溪潭乡金斗洋村在中华人民共和国成立之前，约有一半人家养猪，约80头。20世纪50年代，家家户户都养猪。人民公社化时期，集体饲养猪，80年代后出现了专业户。康厝东山村主要饲养母猪。据统计，福安畲族在1979年，157个大队一共养猪8606头，到1983年，养猪10712头。1987年，福安畲族地区养猪12943头。1990年，福安市畲族乡产仔母猪共计12317头，肉猪106898头。②福安市穆云畲族乡17个民族村，1995年年末，猪出栏数为4004头，平均每村出栏数为235头。2000年年末，猪出栏数为4208头，平均每村出栏数为247头。2005年年末，猪出栏数为5242头，平均每村出栏数为308头。

---

① 根据2020年7月25日在云和县元和街道山脚村访谈资料整理而成。
② 参见《福安畲族志》编撰委员会：《福安畲族志》，福建教育出版社1995年版，第224—227页。

2010 年年末，猪出栏数为 3483 头，平均每村出栏数为 204 头。2012 年年末，猪出栏数为 3268 头，平均每村出栏数为 192 头。2008 年，穆云畲族乡成立了专业合作社，到 2013 年 10 月，专业合作社有 42 家，在这当中，外洋民族村成立了猪饲养专业合作社，黄儒民族村也成立了牲畜养殖专业合作社。[1] 有的畲族村庄还成立了养猪专业合作社。福安市坂中畲族乡彭家洋畲族村，村民们素来有小规模养猪的经历，这为大规模的养猪业提供了技术基础。2008 年，该村成立了仙岫山养殖专业合作社，主要以养猪为主。该专业合作社，核心成员 12 人，每人出资四万元入股。后来，基本成员扩展到 27 人。合作社将小猪赊账给基本成员，直到菜猪出栏后收回成本。同时，依靠小额贷款，成立了"彭家洋村幸福工程种猪场"。合作社成员积极参加养猪培训班的学习，在福安市兽医站、农技站的技术人员的指导下，学会了防疫消毒保障母猪和猪仔健康成长的技能，从事科学养猪的方法。[2]

　　养猪一直以来都是畲族人民勤劳致富的一项经济来源。畲族人民一般在自己房屋附近建造猪圈，养几头猪。自家散养猪一般是土猪，与一般肉猪相比，因肉质鲜美而价格较高，一头猪的收入在 5000 元以上，养 2 头猪，就有万元收入。在家务农的

---

① 参见《穆云畲族乡志》编委会：《穆云畲族乡志》，海峡出版发行集团，海峡书局 2014 年版，第 165、160、178—179 页。

② 参见马骍、陈建樾主编：《中国民族地区经济社会调查报告——宁德畲族聚居区卷》，中国社会科学出版社 2015 年版，第 98 页。

畲族人民，都会散养几头猪，以此增加收入。与此同时，家家户户养猪也会给周边环境带来污染，由于是每家每户散养，容易造成脏乱差，尚未集中处理猪的粪便，不仅会污染水源，还会产生难闻的气味，影响人居环境。为了使山常绿、水常清，空气更加清新，2017年初，景宁畲族自治县开展了"生猪养殖大治理"活动，禁止农户散养生猪，对家里已养的生猪由县里出资购买。禁养令出台实施后，尽管保护了环境，但是却使畲族人民的收入大为减少。特别是郑坑乡畲族人民尤为如此。郑坑乡在景宁畲族自治县属于畲族人口比例较高（占比43%）的乡，该乡绝大多数畲族人民在家务农，加之该乡地处偏远，勤劳的畲族人民收入渠道较少，致使人均纯收入偏低。禁止该乡畲族人民散养生猪简直是硬生生地砍断了畲族人民的致富路，让群众过上苦日子，这样来保护环境的路子也不会长久。如何在保护环境与农民增收之间取得最佳平衡呢？[①] 早在2005年，针对区域及农村面源污染主要来源于畜禽养殖所带来污染的情况，为尽力降低畜禽养殖业污染，合理优化畜禽养殖业布局和结构，推进畜禽养殖业持续健康发展，突出重点区域或流域的环境保护，保障人民群众身体健康，景宁畲族自治县环保局、县农业局根据《环境保护法》等法律法规，制定了《景宁畲族自治县畜禽养殖禁养区限养区划分方案》，该方案规定了禁养区范围、限养区范围。但郑坑乡不在禁养区范围与限养区范围之

---

① 参见姚驰、陈伊言：《景宁郑坑乡重金邀"生态猪"振兴畲寨》，《丽水日报》2018年3月22日。

内。^①这意味着郑坑乡可以养猪，但是不能破坏环境。郑坑乡党委开展了走访调研，举办了一场座谈会，邀请县里许多个部门专家、村民代表来参加，决定回应村民要求继续养猪的呼声，满足市场对猪肉的需求，因地制宜，制定出台了《2018 郑坑乡发展生态畲家猪养殖产业政策方案》，走环境保护和畲家养猪双赢的路子，发展生态散养畲家猪，做到"山要绿，水要清，猪也要养"。畲族人民可以生态散养畲家猪，但是要以不损害环境为前提。因此，要改变以往破坏生态的养猪方式，实行在保护生态环境方式下散养畲家猪。首先，遵循"四不"原则。主要要求养猪要"不影响村容村貌、不影响人居环境、不污染水源生态、不养饲料泔水猪"。其次，实行数量限制原则。根据土地面积来计算出适宜养猪的数量。郑坑乡有 3000 多亩梯田，在生态环境允许的范围内，每年散养生猪数量最多为 1000 头。再根据劳动力资源规定每户养猪数量最多为 5 头。最后，通过改造猪圈栏舍等方式使得养猪达标排放。该乡出台了《美丽猪舍改造严格遵循"新七条"标准》等政策，专门投入 30 多万元资金，改建养殖户家的猪圈栏舍，在猪圈栏舍内部安装排污槽与污水洁净处理池，在猪圈栏舍外面栽种竹子和爬藤等绿色植物，将猪圈装扮得更加美丽。这些措施有力地解决了产业发展与生态

---

① 参见县环保局、县农业局：《景宁畲族自治县畜禽养殖禁养区限养区划分方案的通知》（景政办发〔2020〕53 号），2005 年 12 月 15 日。

环境保护之间的矛盾。[①]不仅如此，2019 年，郑坑乡还在生态上下功夫，郑坑乡投资 45 万元，实行"移栏出村，集中圈养，污水统一处理"的模式，优化区域布局，提高生态猪规模养殖水平，在离村庄不远处统一建造干净整洁的"美丽栏舍"。"美丽栏舍"用水泥砌墙，屋顶用木瓦搭建，留有通风口，建有四格式化粪池、排污管道、感应饮水器等设施，方便村民养殖。该栏舍由村两委统一管理，养殖户与村两委签订责任书，只要每年交 100 元管理费就拥有栏舍的使用权，栏舍还有专门卫生管理人员，每天负责清扫，做到干湿分离，防止病菌传染。[②]全乡一共建造了 10 个"美丽栏舍"，可以生态养猪 80 头。2019 年，郑坑乡生态年猪产值突破 500 万元，实现每头毛猪销售价破万元，生态猪成为"致富猪"。可以说，郑坑乡狠抓产业，发展生态年猪产业，实现生态保护与畜牧业良性共荣发展，打造"畲家生态年猪"品牌。2020 年 1 月 21 日，将近年关，郑坑乡冷水湾村举办了第二届"年猪节"活动，在活动现场，主持人将村里祈福猪头拍卖，经过多次竞拍，最终拍得了 28888 元的高价，拍卖价款作为郑坑乡乡贤慈善资金，用于为困难群众提供救助。由于畲家生态年猪吃的是番薯、土豆、南瓜等山货，喝的是山泉水，肉质鲜嫩，备受省城和上海市民的欢迎。畲家生态年猪

---

① 参见姚驰、陈伊言:《景宁郑坑乡重金邀"生态猪"振兴畲寨》,《丽水日报》2018年 3 月 22 日。

② 参见余波、李琦斐:《景宁郑坑:生态猪"移栏出村",改善人居环境》,丽水网,2019年 6 月 13 日, http://news.lsnews.com.cn/sz/201906/t20190613_205773.shtml。

产业，是郑坑乡践行"两山"理念，实现生态价值向经济价值转化的方式。①

（二）养生态牛

养牛向来是畲族人民的传统。由于牛是耕田的唯一畜力，畲族人民养牛多数为耕作，在山区多养黄牛，在平坦地带多养水牛。在中华人民共和国成立之前，广东畲族耕牛很少，增城县下水村 19 户人家只有 7 头耕牛，平均每 2.7 户人家 1 头牛。海丰县红萝村 8 户人家，仅有 3 头耕牛，平均每 2.7 户人家 1 头牛，实行锄耕与犁耕并举的方式。②在中华人民共和国成立之后，江西省铅山县人民政府采取了很多措施来保护和繁殖耕牛。从 1950 年冬开始，每年发放耕牛贷款，为家庭经济困难户提供购买耕牛的资金。土地改革中，把耕牛分给贫困畲族人民。1951 年，县里举办耕畜保护培训班，讲授耕牛的保护、繁育知识和疫病的简易治疗方法，通过开办夜校的方式培训兽医及阉割员。还到每家每户开展耕牛登记，禁止乱杀、滥卖耕牛。1952 年，县兽医部门为普及科学养牛知识，组织人员编写了教材《养牛三字经》，送给畲族人民。1960 年以后，畲族人民养的牛可以满足耕作需要。县级以上的有关部门为畲族人民多次拨专款购买耕牛。省有关部门于 1981 年、1987 年先后拨款 4000 元、2000

---

① 参见蓝吴鹏、吴卫萍、张伟龙：《景宁郑坑生态年猪"拱"出一条"致富路"》，《丽水日报》2020 年 1 月 21 日。
② 参见广东省地方史志编纂委员会：《广东省志·少数民族志》，广东人民出版社 2000 年版，第 275 页。

元，援助太源畲族乡畲族人民发展耕牛饲养业。到 1994 年末，太源畲族乡有耕牛 350 头，包括 340 头黄牛和 10 头水牛。340 头黄牛中有 115 头母畜，当年产仔牛 28 头。[1]2001 年，福建省福安市畲族聚居村有 715 头耕牛，大约 10% 畲族农户养牛。连江县仙屏畲村，多年创办养牛场，提供种牛。仅有少数村庄的少数农户饲养肉牛、奶牛，肉牛、奶牛饲养业尚未形成经济收入的主要来源。[2]浙江景宁畲族自治县大张坑村几乎每户都养牛。在 2001 年，散养 80 多头牛，最多的一户养 15 头。养牛有多种用途，可以耕作，可以出售，还可以食用。养牛户分成小组，每两户为一组，实行集体轮流放养方式，每天派一组负责在山上看管牛。[3]2019 年景宁郑坑乡建造的"美丽栏舍"除了设有猪栏 10 个，可养殖生猪 50 头外，还设有牛栏 8 个，可养肉牛 20 多头。[4]

云和县元和街道山脚村 LYF 也开始走上了生态养肉牛之路：

> 2017 年，一位朋友推荐我在家养几头肉牛，一年的收入大概跟打工的收入差不多。如果以后再多养几头牛，收入肯定要比打工的收入多。于是我就像做实

---

[1] 参见铅山县民族宗教事务局：《铅山畲族志》，方志出版社 1999 年版，第 114—115 页。

[2] 参见福州市地方志编撰委员会：《福州市畲族志》，海潮摄影艺术出版社 2004 年版，第 136 页。

[3] 参见方清云等：《敕木山中的畲族红寨——大张坑村社会调查》，华中科技大学出版社 2018 年版，第 13—14 页。

[4] 参见余波、李琦斐：《景宁郑坑：生态猪"移栏出村"，改善人居环境》，丽水网，2019 年 6 月 13 日，http://news.lsnews.com.cn/sz/201906/t20190613_205773.shtml。

验一样，抱着试试看的心理，开始养牛。我先在自留地上单独搭建了一个栏舍，栏舍的活全部都是我自己做的。我到砖厂买回来一些砖头，到山上砍了毛竹和杉树，就把它搭建起来了，还修了一条到这里的泥土路。养牛能够照顾家庭，我家上有老下有小，我奶奶96岁了，我儿子在读书。它比出去打工要自由，主要是时间安排灵活，早上早点来也没事，晚一点来也没事，只要我天天把它喂好就可以。灵活度比打工强。我到玩具厂打工，每天要准点，有事情可以偶尔请假，请假多了会被老板辞退。我比较喜欢这样的生活。我养的牛是纯生态的，喝的是山泉水，从不吃饲料，牛一年四季吃的食料绝对是绿色的。食料有豆腐渣，我到制作豆腐的人那里买来豆腐渣，在牛槽里倒一些豆腐渣，倒点水，倒一勺米糠，和起来给牛吃，这算是最有营养的食料了。还有玉米秆。我们这儿有许多人家种玉米卖。他们卖掉玉米，秆子留在田里没用，打电话给我，叫我去砍玉米秆来喂牛。对他们而言，也方便，他们可以省去麻烦，不用他们自己砍玉米秆，也不用搬玉米秆。我走过去把玉米秆砍过来，我自己也有好处，不用种，较省力。作为回报，过年我宰杀牛的时候，也会送两斤牛肉给他们，表示感谢。水果玉米秆跟草一样青，很嫩很嫩。老玉米品种，要等到玉米完全成熟，老了，玉米肉全部硬掉了，才可以采摘玉米，这时候的玉米秆就不青了。我后来发现玉米秆是有季节性的，不可能一年四季都种植玉米，过了种植玉米的季节就没有玉米秆吃了。没有玉米秆的季节，主要是冬天，我自己在田地里种了许多皇竹草，还会到山上割牛爱吃的草，这种草会割人，割这种草的时候，要戴手套和帽子。冬天我还给牛吃稻草。稻谷全部割完后，把稻草扎好，晒干，之后，我把它全部从田里拉回来储存在专门搭建的棚子里面，冬天早上拿来给牛吃，晚上过来给牛喂一些水。我还到酒厂收购酒糟，用桶装好，用车运回来，把它密封装起来，给牛吃。我喂养牛的食料肯定要绿色的，安全的，还要成本低，才能产生最大效益。市场有人专门搞玉米秆，一捆大概是 500 斤左右，卖 50 块钱，我觉得价格太贵了，成本太高，吃不消。之所以要养生态牛，主要是牛肉的质量好，味道鲜美，价格较高。牛肉 40 多元一斤，一斤比市场上平均高出 10 多元。一头牛连皮带骨四五百斤，可以卖一万五六百元。

我采用圈养方式养牛，主要是防止污染环境。我这儿是山脚，把牛放在山上散养，牛漫山奔跑和排放粪便，容易滋生蚊虫，污染环境。还有为了减少矛盾。如果牛从山上跑下来，破坏别人家的农作物，容易引发纠纷，赔偿问题不太好解决。圈养就不存在这些问题。我养牛，每年养十几头，2018 年大概养了十三四头，2019年也养了十六七头，规模不大，比较适中。我的牛肉销售不成问题。我一般在过年和过节时候杀牛卖，农村还是比较重视节日，比如说端午节、七月半、八月中秋、重阳节，过节日要买些肉来吃，需求量要高一些。杀一头牛，我会事先在朋友圈发信息，朋友知道后都会过来买，再加上邻近村民，基本上当天就可以在自家门口卖完，不需要到市场销售。我比较重视牛的质量，保证要用绿色的原料喂养，绝对不吃饲料。假若喂养饲料，我养的牛就没有竞争优势，销售就不好，也竞争不过大型养牛场。我养的牛质量是有目共睹的，肉质要比那些大型养牛场吃饲料的牛要好很多，我也不在牛肉里注水。附近的人都知道我喂牛的方式，他们对牛肉的质量是相信的。刚开始有一些朋友不知道我喂养的方式，我杀了牛，邀请我那些同学朋友一起过来吃牛肉，他们尝过后都说很好吃，而后又邀请自己的兄弟姐妹过来一起买。这样，大家都知道我家牛肉的质量了。我现在一定要保障牛肉的质量，一定不能降低和损害质量，一旦卖过一次质量不好的肉，朋友就不相信我了。我家山上有很多毛竹，以前我也卖一些竹笋，但竹笋生意并不好，收入太一般。最早的鲜笋可以卖十来块钱一斤，后来就卖得很低，七八毛钱一斤都卖过。主要还是竹笋的市场竞争力弱，本地竹笋竞争不过外地产品，外地竹笋漂亮而且价格低。本来这个地方就是竹笋园，由于经济效益不好，我就不做了，尽管如此，山上的竹笋还会有，只不过是数量少了一些。我也种过西瓜，卖过西瓜，收入也一般。养牛的收入还可以，一年有七八万元收入，比打工省力一点、自由一点，其实就是这样子，我也不图发大财，我要把生态牛养好，待我慢慢有了声誉后，再慢慢扩大一点规模，销路也会好起来。现在我要做的事情是保证牛肉的质量，保障我的信誉度，而不是考虑赚多少钱，更不能为了赚钱而损害质量。我注重质量第一，诚信经营。我现在的销售渠道是微信发朋友圈。我尚未实行网上销售，主要是考虑新鲜度。牛肉要现杀，马上就放在锅里煮起来，现吃是最好的，非常新鲜，味道美。隔了一夜或冷冻后，新鲜度或味道会差一些，就没有用顺丰快递。还有就是我现在的规模较小，还不需要。等以后扩大规模，我会考虑网上销售和搞网上认养方式。我还可以直播，从小牛出生开始，小牛的生活点滴都可以记录下来，发视频。还可以在小牛生下来之后就卖出去，然后养大了再杀好，寄给认养人。给小牛安装摄像头，每天录下小牛的生活，认养人可以一直知晓小牛成长的点滴。①

① 根据 2020 年 7 月 25 日在云和县元和街道山脚村访谈资料整理而成。

三、生态旅游

许多畲族乡村依据各自的自然禀赋，凭借优良的生态环境，倚靠浓郁的畲族文化和丰厚的农耕文化，因地制宜，坚持绿色发展理念，打造集休闲、观光、养生为一体的综合性生态农业村，走生态、农业、旅游业相融合以及乡村三产融合发展之路。

（一）民宿加畲族文化的生态旅游 [①]

丽水市沙溪村地处浙江丽水市莲都区老竹畲族镇，是有名的畲乡风情旅游村。距离市区 28 公里。在丽水高铁站，有一路公交车直达该村，到了沙溪村，可以赏阅丹霞奇观，也可以品味千年畲寨风情。沙溪村先后获得了"浙江省特色旅游村""生态文明村""丽水文化名村""美丽乡村示范村"和"浙江省民族团结进步小康村"等称号。2011 年，沙溪村村委和党委综合考虑本村的自然禀赋及特色，明确了沙溪村的发展目标为"文化兴村，旅游强村"，这是一个至少 20 年不变的目标。围绕这个目标，2012 年，沙溪村两委制订了沙溪村村庄规划，划定了 10 年村庄发展的各个功能区块，确定了近年的发展计划，制作了村庄内古村落保护和利用的实施方案。沙溪村是个典型的浙西南畲族村寨，居民 309 户，685 人，其中蓝、雷等姓氏的畲族居民占 80% 以上，有着浓郁的畲族文化，拥有民国版《蓝氏宗

---

① 本部分内容除了特别标注外，都来自田野调查收集的资料。

谱》共 3 卷，编制了《风情东西，养生畲家》《沙溪风情》2 本印刷品，有畲族山歌传人 10 多人，畲族彩带传人 5 人。畲族歌谣、织彩带、畲族舞蹈等被列入非物质文化遗产项目。每年仍然举行"三月三""七月七"等传统畲族节日活动。还建有"银英彩带工作室"，传承编草鞋、织彩带的传统民间手工艺术。针对沙溪村丰厚的畲族文化底蕴，首先是要充分挖掘和发展畲族文化，建设以村落为单元的畲族文化，实施"文化兴村"。改造蓝氏宗祠，使之成为综合性畲族风土人情展示场馆和村民娱乐聚会、红白喜事的重要场所。培育沙溪村原住展演队，打造了畲族古礼"沙溪村晚""三公主迎宾""畲族大鼓""山哈大席""新沙溪之夜""祭祖""宝塔茶礼"和"畲家十大碗"等文化盛宴，其中"山哈大席"更是经典之作，塑造了畲族的民族品牌，增强了核心竞争力，得到了中央电视台第 7 频道农广天地、中央电视台第 12 频道味道中国等主流媒体的专题报道。"山哈大席"由一台戏、一桌宴和一场篝火晚会三部分组成。其中一台戏是"山哈大席"的重中之重。沙溪村是这样来设置这台展现畲族历史文化的戏的：将畲族悠久的历史文化进行浓缩，从畲族的迁移路线着手，追溯整个畲族的迁移文化，微观地、近距离地、短时间地展现畲族婚姻文化、祭祀文化、畲族音乐、畲族武术等民间体育项目等画卷，徐徐地、真实又灵动地向大家呈现了畲族文化的内涵和魅力。"山哈大席"主要的创立者是原沙溪村村主任 XYW，这位畲家女婿介绍了这台展现畲族文化的戏：

重塑畲族村落文化，有两种方式，一种是场景模拟，把整个村庄模拟成一个畲族村落，所有的人都与畲民族生活在一起，这个需要大资本。大家都按照你的设置来生活。有的人在那里，可能都是模拟出来的，模拟最成功的就是乌镇，乌镇全部都是一样的。乌镇就模拟成一个江南水乡的概念，你哪怕看到这个老头在那抽烟，或者在做什么，它其实就是一种设置。还有一种就是场景再现，它在某个节点，某个时间段，呈现了畲族的记忆。这个相对来说投入的成本要少一点，当时我们就选择后者，做一台戏。这台戏是山哈大席的基础，通过这台戏，我们要告诉人家，畲族从哪里来的，图腾是什么，彩带代表什么，畲歌怎么样，等等。我们挖掘了很多畲族古礼，有宝塔茶礼、三公主迎宾礼和宣酒礼。我们截取了婚嫁的片段，然后成为一道迎宾客的礼仪了。畲族有敬茶的礼仪，客人来到畲族山寨，通过喝宝塔茶、抹黑灰的方式把客人引入文化礼堂。先行宝塔茶礼，让他们品尝宝塔茶。将茶碗堆到三层，堆成一个宝塔样子。从最上面的碗往下倒茶，使每个碗都要有茶。畲族阿姐唱着山歌，给客人敬茶。客人接茶的时候，只能用牙齿咬住碗，慢慢将茶喝了，不能洒出一滴茶。接着，来一段迎宾舞，往客人脸上抹上黑色的锅灰，帮他们驱邪避灾，这是小迎宾。大迎宾就是三公主迎宾，由20多人组成的强大阵容迎接客人，最前面是三公主，而后是主帐和畲族的长者，还有畲族四姓的旗帜、擂鼓，还有一些山歌队。我们唱着山歌，敲着大鼓，迎接客人，这是我们最隆重的迎宾礼仪。宣酒礼在山哈大席里面有两种方式：一种是长杆酒。山哈酒从主杆里倒进去，通过几根竹柱连接的三四米长的柱子，一直流到客人的碗里面。客人需要蹲马步，背着手在那儿喝酒。这种仪式是从狩猎生活演变过来的，带有一种竞技性。另一种敬酒叫幸福团圆酒。一群畲家人环绕着客人，把客人围成圈，从这里倒进酒，再转一圈，最后到客人的碗里。幸福团圆酒寓意着民族团结进步。这台戏需要人去唱。我们组建了一个原住民艺术团，当时培养这些表演者的时候，花了不少心思，因为这些人从原来田里劳作到舞台表演这个过程具有挑战性，我们请文化馆老师来教，队员们也练得非常辛苦，最终我们编排了一台能拿出手的畲族文化的戏。这个由 20 多个畲族原住民组成的艺术团，刚好赶上了畲山寨的乡村春晚。我们做了一台晚会，邀请了很多外地旅行社的经理来观看演出。结果他们对这个晚会很满意，认为这个表演会因为给游客的旅游增色不少而备受欢迎。有了这支表演队后，还需要舞台，我们花了 80 多万块钱重建祠堂，使祠堂具有多种功能，既是畲族民俗文化陈列馆，又是一个文化礼堂，可以开展畲族风情表演活动。文化的力量已经彰显，增强了这些表演队的信心。这支表演队伍，我从2012年开始就一路带他们走。最辉煌的时候是2016年，我把这支原住民表演队带入了上海大剧院的望星空厅，12个原住民表演队在望星空厅，为整个丽水旅游推荐做表演，向全上海人民表演，他们获得了许多荣誉。20多人的原住民艺术团可以彰显畲族文化的力量，这是我们文化形成的第一步。①

有了一台戏之后，还需要有一桌饭，才能将表演、文化、美食、风情都融合在一起。因此，"山哈大席"除了表演外，还有长桌宴，彰显畲族丰富的饮食文化。长桌宴的菜肴主打畲家的"山珍十大碗"。它是将当地畲家传统的土菜，加以改良后制作的精美的菜肴。菜肴的原料相对而言，都是生态和有机的食物，有鸡有鱼有肉。盛菜用大碗，量足味美，吃得过瘾。畲家必不可少的菜是竹笋，沙溪村的竹笋是一种产自东西岩的实心小笋，与自家腌的咸菜清炒，味美清爽可口。腊肉咸笋火锅、咸猪蹄黄豆都是畲家桌上的常客和佳肴，还有乌米饭和麻糍是畲家的最爱，用盐卤制作的土豆腐味道也是非常不错的。最重要的是在烧猪头、状元鸡和红烧肉的时候，都会放进一些从山上挖来的草药，主要是一些用于理气、健脾胃的草药。一只鸡一般放

---

① 根据笔者于2020年7月20—22日在丽水沙溪村的访谈录音整理而成。

入 3—5 种草药，半个猪头要多点，放进去 10 多种草药，小火慢慢地煮 5—6 个小时，绝对够味。红烧肉肥而不腻，让人吃了有精神，有力气。畲族主张"药补不如食补"，只要在畲家吃上一餐饭，就可以补足身体的元气。畲菜少不了鱼，包括红烧鱼或鱼头炖自制的豆腐丸等，无论何种烧法，都少不了在鱼里面加上畲家地里自种的紫苏做调味品。还有一些新鲜美味的时令蔬菜。宴席上，不可或缺的是畲族自酿的米酒。一般在上了三大碗菜后，阿姐阿妹的敬酒歌就响起，热情的畲家人开始给客人敬酒，直到酒足饭饱才歇息。晚饭后的篝火晚会，大家在能歌善舞的阿姐阿妹的陪同下，跳起欢快的舞蹈。自从"山哈大席"创立以来，沙溪村名声在外，不仅接待了 24 个省市区的考察团来观摩学习，还接待了许多旅游团和游客。

"文化兴村"之后，还需要"旅游强村"。沙溪村的旅游资源丰富。沙溪村境内有闻名遐迩的东西岩景区。作为"天生奇物"，东西岩的形胜是"穿窪崛起，怪伟环峙"。早在 2006 年 12 月，东西岩景区就被评为国家 AAAA 级旅游景区。东西岩属于典型的丹霞地貌，由沉积岩自然形成，内有东、西两座丹霞岩峰对峙而立。它以奇岩怪洞、悬崖绝壁和峡谷深长为特色，集怪、伟、奇、险为一身。沙溪村除依山外还傍水，沙溪居于沙溪河和虎迹溪交汇之处，村落沿溪流北岸而建，溪中多冲击沙石，故名沙溪。① 除了这些固有的自然风光之外，如何才能更好

① 参见丽水市莲都区史志办：《沙溪风情》，2015 年，第 86、2 页。

地实现"旅游强村"？沙溪村的许多文化盛宴，格外引人注目，吸引了众多的旅游者来观光体验。在这种情形下，沙溪村做得比较具有前瞻性的事情是将原先的农家乐转型发展为民宿经济。"山哈大席"一炮走红后，需要业态把人留下来，就需要住宿，由此，沙溪村开始发展民宿主题村落。通过到桐庐、台湾等浙江省内外的民宿进行考察之后，2015 年开出了第一家民宿，收入要比农家乐高。这个民宿的成功产生了灯塔效应，村里的许多人纷纷效仿，转型做民宿。同时该村又遇上了一个好的政策，莲都区政府也在推广民宿产业，沙溪村得到政府的一些资助，于是在 2015 年—2016 年两年期间，整个村成功创建了民宿主题村落，发展了 18 家民宿，其中像"汝南旧家""畲家小筑""青藤小院""畲歌嘹亮""凤凰山歌"和"田园小筑"等特色民宿 8 家，民宿床位 300 多个，旅游餐位 2500 个。2017 年成功获得"中国少数民族特色村寨"的荣誉称号。做民宿，需要对村庄做整体规划。沙溪村比较准确地把握村庄空间功能区块分布，按照少数民族特色村寨做规划，实行传统与现代充分融合，既展现了畲族历史文化风貌和底蕴，又具有时代气息。在民居建筑方面，沙溪村独具特色。最外面是个典型的新农村居住社区，即使是砖瓦房，在外立墙上也设置了许多畲族元素，如精琢细雕的木窗、木门和彩带图案，都能令人们感受到畲族民居的特色。再往里走，就是古村落，畲族传统经典的建筑即土木结构的房子。实际上，沿着大道走进去，其实就在走一条时光之路，在这条路上，可以看到整个村庄上百年来的变化。这样，就使得整个村庄的业态变得非常丰满。它既有古村落，可以让我们记住乡愁，又有我们向往的新农村社区，古代现代在此交汇。村庄的中间地带是一处面积较大的处州白莲精品园。园内有处州白莲套养垂钓区、采摘休闲区、白莲文化画廊区与滨水体验区。处州白莲精品园往里走，是文化广场、蓝氏祠堂和传统建筑。白莲是莲都区的地理标志保护农产品，这样的布局处处显现了山哈村寨的特色。这几年，沙溪村的民宿经济也办得风生水起，一派红火，这得益于该村独到的经营和管理之道。

沙溪村民宿协会的会长、畲家"山珍十大碗"的主厨、原住民艺术团的表演者、畲家拳的表演者 LZW 介绍了沙溪村民宿的管理策略：

> 沙溪村民宿发展依托于我们的畲族文化盛宴。我们十分注重畲族文化的保护和发展，营造了浓厚的畲族文化传承氛围。我们培育年轻的一代，村里的小孩基本上都会说畲语，外地嫁到这里的汉族媳妇也能说一口流利的畲语。我们培养了 8 个小表演者，大家平常有空都会聚集在一起学唱畲歌和表演。我们村这几年都举办乡村春晚，2017 年还获得了莲都区二等奖。我们深知畲族文化是立身之本，如果没有富裕的文化，乡村旅游只能是昙花一现，不会持久。我们还加强了对民宿的管理，有专门的民宿管家，负责民宿的对外宣传和对内协调管理。成立民宿协会，要求所有的民

宿业主都加入民宿协会，协会有规约。我们把民宿分为 A、B 两类，不同的民宿实行不同的管理。分类标准是民宿是否具有个性化，实则是特性。从外面大堂到客房的装修都比较有特色，房间的面积比较大，总客房不多的民宿为 A 类精品民宿，由于其客房的档次较高，收费要高一些。其余为 B 类普通民宿。A 类精品民宿的客人来自网上预订，我们跟度假客、阿里旅游等多个网上平台合作。我们还对接了上海、江苏这些地方的大型旅行社，他们经常会组团来这里旅游。B 类民宿一般是由协会对外对接，客人按照轮流分配的原则来安排。我们村一共可以接待 300 多个客人。200 人的团队，4 辆大巴车到村口，我们可以在 10 分钟内有条不紊地妥当安排游客的住宿。一般在旅游车没到达之前，民宿管家就跟民宿业主沟通好客人的住宿安排。大巴车一到村口，民宿业主举着一块牌，客人下车后就跟着这块牌走。我们还积极负责处理客人的投诉和建议。客人有意见，可以向管家反映，管家接到投诉后，解决不了的，就跟民宿协会会长反映，协会会长解决不了的，由村主任书记出面负责解决。一般而言，投诉在萌芽状态的时候，我们就及时予以化解。假如双方发生了争执的话，就要花大力气去处理、解决。我们刚开始接待客人的时候，由一些小事情引发的投诉有点多。我跟村主任、书记三人整天晚上背着一蛇皮袋的莲子在村里到处转。哪一家出现投诉，就认真地听取客人的意见，协助民宿业主解决问题，同时，还送一包莲子，以示歉意。这样子搞了半年，大家的接待水平、各方面的素质都有所提高，现在基本上不会出现投诉的现象。我们跟民宿业主约法三章，假如出现投诉，第一次是警告，第二次就要扣钱，第三次就取消接客资格，以后不会给他安排客人。总的说来，我们民宿业主还挺团结。①

"汝南旧家"的经营者 ZLL 谈到她的经营策略：

我家的民宿获评为浙江省旅游局的银宿级、丽水山居示范民宿。我们主要从硬件和软件两方面着手提升民宿的档次。硬件上，我们将自家传统土木结构的老房子进行改造设计，装修时候也用了大量的木材。在装修风格上，畲族特色非常浓厚，我的民宿属于精品民宿，楼上的几间客房面积大，配套设施较好，收费较高。软件上，我们的服务比较到位。我以前在浦江做水晶工艺品生意，2015 年回家搞民宿。我在外面跑得多，见的人多，知道客户需要什么样的服务。我跟他们比较会聊，比较交心。我家的客人主要是来自温

---

① 根据笔者于 2020 年 7 月 20—22 日在丽水沙溪村的访谈录音整理而成。

州、宁波、金华、上海等省内外的城市居民，群体客户比较多。节假日的客人多是通过携程、美团、爱彼迎民宿网等线上预定。平常的工作日差不多是线下，客人之间相互介绍过来的。我性格外向，为人热情，客人来之后，直到离开，都是全程热心服务，随叫随到，及时满足客人的需要，客人需要什么，我们提供什么。我们把客人当作自己的家人，到这里之后给予他们家庭一样的感受，陪他们聊天。给他们讲畲族的故事，让他们了解畲族文化。介绍当地的土特产，陪他们购买。我还比较注重卫生，每个地方都干净整洁。我经常换位思考，如果我自己出去住，我会特别在意哪些细节，我就在那些细节上做得更好。卫生不仅要在看得见的地方干净，而且角角落落的地方也要干净整洁。不仅客房干净整洁，卫生间也搞得洁净透亮。我们家的农家小菜做得好，正宗的畲家菜。我老公烧菜比较接地气，城里人吃惯了酒店烧得好看但调料放得多的菜，我们的菜肴，与酒店菜肴调料多、口味重的特色完全不同，就是农家菜，原汁原味，只加姜、葱、大蒜等一些纯生态的基本的调料，其余就连味精都不放。虽然看上去颜色不是很漂亮，但是口感对大城市的人来说，是一种异样的清晰的感觉。菜不仅是地道的土家菜，菜的品质要保证，而且量大，用大碗装。有些客人，喜欢地道农家种的菜，他们走的时候，我会送一些南瓜、土豆等土菜。客人回去后，也会寄过来一些当地的土特产。我们跟客人，就像跟朋友串门走亲戚一样。客人的满意度高了，下次会再来，也会介绍一些朋友过来。我们的线下客人相互介绍过来的比较多。①

"畲家小筑"经营者的经营策略是：民宿的风格是老式风格，适合城里的孩子体验乡村生活，主要搞亲子游活动；客人来自携程、美团网，基本上是自驾游，一家人出来游玩，每周末客人很多。②

乡村的发展离不开物产的发展，近年来，沙溪村侧重于狠抓产业的发展，在民宿管理方面，主要抓一户一品，要求每个民宿，都设计一些伴手礼。大家各显身手，将"山哈大席"十大碗菜进行细分，每一道菜制作一些伴手礼。由此可以形成一些家庭作坊，如豆腐坊、酿酒坊、榨油坊等。有的村民种植白猕猴桃，还加工白猕猴桃酒。有的除了红曲酒外，还投资发展了一种酒，名叫"金盆露"，它是在红曲酒的基础上再进行加工，经过十道工序酿制而成的一种白酒，色泽红色，味甘甜，口感好，不会喝白酒的人，也可以喝"金盆露"，许多客人品尝过后，都赞不绝口。还有的发展老茶树的茶叶，称为"老茶婆"。

---

① 根据笔者于 2020 年 7 月 20—22 日在丽水沙溪村的访谈录音整理而成。
② 根据笔者于 2020 年 7 月 20—22 日在丽水沙溪村的访谈录音整理而成。

（二）以生态农业景观为主的生态旅游

遂昌县三仁畲族乡坑口村是个少数民族村，位于遂昌县城西部的白马山脚，地理位置较好，距县城14公里，从县城驾车，车程20分钟左右，到遂昌各个知名景点的路程都比较近。该村林业资源丰富，特别是竹业资源尤为突出，村民曾经主要从事竹笋、竹子、茶叶、水稻种植等产业。现在，坑口村凭借畲族文化、竹文化与农耕文化，竭尽全力地构建将休闲、观光与养生相结合的综合性生态农业村。对村里的水利资源进行开发利用，开展河权改革，把"杉树垵"水库和村里的河道经营权承包给个人，从事养殖业，开发溯溪、打水仗、抓鱼、捉螃蟹、休闲垂钓等旅游体验项目。① 将村里的土地进行流转，建立了农业生态体验区。农业生态体验区内设置了百果园。上百亩的果园内不仅种植了红心火龙果、猕猴桃、蓝莓、无花果和葡萄等三十多种绿色有机水果，还在这些果树下面养殖一些鸭、鹅等禽类，用禽粪做果树肥料，既生态又环保，还有助于果树的成长。游客不仅可以在百果园内观光采摘水果，而且可以在水果淡季购买土鸭、土鹅。此外，还设置了竹笋观光体验区、农家乐、"活竹酒"观光园、茶叶观光体验区、垂钓娱乐区等。建立了鲨影拓训基地，由集合场地、拓训场地两个场地组成。拓训

---

① 参见张巧燕、莫晓鸿、胡蕴韵：《一年时间，遂昌97个集体经济薄弱村全部"摘帽"》，浙江在线网，2018年6月4日，http://cs.zjol.com.cn/zjbd/ls16512/201806/t20180604_7459980.shtml。

场地占地 1.3 亩，设有攀岩、网绳速降、巨人梯、背摔台等。企事业单位团建活动、军事化夏令营学生军训、亲子活动等都可以在此举行。坑口村还建立了全国第一个电子商务"赶街"网点，通过农村电子商务服务站，各家各户自制的传统农产品通过网站销往全国各地，促使农民增收。[①] 桐庐县莪山畲族乡实行以生态种殖、养殖业为主的"全域国家 3A 级景区"。该乡实行"果香塘联""稻香沈冠""酒香龙峰""竹笋新丰""粽意中门"的一村一品活动，推动"百亩大樱桃、千亩生态稻、十万红曲酒、万亩高节竹、百万黄金粽"的特色产业提质增效。[②]

第二节　畲族生态伦理当代实践的特色及其发展

一、畲族生态伦理当代实践的特色

自然地理环境对各民族的生存和发展至关重要。畲族是生活在我国东南丘陵地带的少数民族，是一个古老的山地农耕民族，自古以来就与大自然有着更直接、密切的接触。在长期的生产生活实践中，畲族人民创造出适合当地生态环境的独特的生存

---

① 参见《仲冬遂昌，峻秀三仁，一起寻找坑口村的美丽》，丽水网，2019 年 12 月 6 日，http://travel.lsnews.com.cn/201912/t20191206_290919.shtml。

② 参见《整乡推进，全域提升，努力打造"全域乡村振兴先行区"》，由桐庐县莪山畲族乡提供的资料。

方式，并在此基础上形成了独特而丰富的生态伦理智慧和思想。这些传统生态伦理思想及其价值取向是畲族传统文化和中华民族伦理文化的重要内容。深入挖掘畲族生态伦理理念，有助于丰富和发展畲族文化建设，彰显中国伦理文化的本土化内涵，更有助于民族地区乃至我国当今的精神文明和生态文明建设。[1]

　　畲族在长期与自然交往的过程中，形成了一种朴素又深奥的生态伦理观念，那就是人和自然构成了命运共同体。在这个命运共同体中，畲族始终以"山哈"自居，秉承着作为山里客人的身份，同自然友善地打交道。畲族人民一直坚信人与自然之间绝对不是一种主宰和被主宰、征服与被征服的关系，而是自然创造、孕育了人类。人类与自然中的万物是同源共祖，是亲人、朋友关系。自然万物给予畲族人民一个栖身之所，给予畲族人民许多食物来源，给予畲族人民许多帮助，畲族人民对自然万物的无私给予心存感激，在内心深处萌发了对自然万物的知恩图报意识、尊重自然和保护自然的意识。久而久之，这些尊重自然、善待自然的观念已经深入人心，内化为一种对待自然的自律性。在这种自律性的规约下，畲族人民在生产生活实践中产生了敬畏自然、关爱生命、合理利用自然的行为方式，以及制定了保护自然的习惯法，这些顺应自然、合理利用自然的行为构成了一种外在的对待自然的自律性。畲族人民在这两种对待自然的内在和外在自律性的合力下，最终形成了人与自

---

① 参见雷伟红：《畲族生态伦理的意蕴初探》，《前沿》2014 年第 4 期。

然和谐相处、协调发展的生态伦理理念，这是畲族人民与其所处的自然环境不断调适而得出的经验总结。这种生态伦理理念不仅有效地保障了畲族地区的生态环境——被誉为"生态之乡"的景宁畲族自治县印证了这一切，而且更重要的是它契合于当今生态文明建设秉持的精神内涵，那就是人与自然和谐共生、共荣。

当代畲族人民在生产生活实践中，继承和发扬了畲族传统生态伦理的理念。坚持人与自然和谐相处、协调发展的生态伦理理念的行为处处可见。景宁畲族自治县的惠明茶产业就是适应当地的生态环境而发展起来的产业。景宁县的土壤、气候、光照等自然环境十分适宜种植茶叶，惠明茶的种植至今有上千年的历史，金奖惠明茶也有上百年的历史，畲族人民还形成了丰富的惠明茶生产经验和文化，惠明茶还蕴藏着丰厚的禅茶文化。因此，惠明茶产业是顺应自然和人文环境的产业。当地畲族人民成立了家庭农场或创办有限公司种植、加工、销售惠明茶。景宁县凤艳家庭农场所在的基地，位于敕木山东北半山腰的惠明寺村际头一带，海拔在 600—800 米左右，冬暖夏凉、云雾蒸腾、雨水充沛。产区属酸性砂质黄壤土和香灰土，pH 值 4.5—5.5，全土层在 100 厘米以上，有机质达 2%—4%。茶园始终坚持绿色有机发展理念，坚持生态种植，牢固树立品质第一、质量至上的思想，全程开展生态除草，以人工、机械除草及绿色防控技术措施控制杂草和病虫害，禁止使用草甘膦，使用菜籽饼等有机肥取代化肥，采用手工传统制茶，使茶叶的兰花香与甘醇内质得到更好的体现。凤艳牌金奖惠明茶外形卷曲细紧，色泽绿润，银毫显露，汤色黄绿明亮，闻着有兰花香，清雅怡人，喝着滋味醇厚鲜爽，喉颊生津，口齿留香。叶底嫩绿明亮，芽叶完整，属茶中珍品。以"兰香果韵"的独特风格著称。凤艳牌金奖惠明茶荣获"2018年丽水香茶茶王赛十佳名茶""2019年金奖惠明茶斗茶大赛评比金奖""2020年金奖惠明茶斗茶大赛评比金奖"。①

遂昌县三仁畲族乡盛产毛竹，全乡现有3.4万亩的竹林面积。依托竹林，当地畲族人民以竹产业为主要经济来源，每年竹产业的收入占总收入的35%以上。为了更好地发展竹产业，该乡通过完善基础设施建设、修建竹山道路和送有机肥助农扶农等方式，不断提高毛竹示范园区的经营水平，使该乡能够做到一年四季出产鲜笋，有冬笋、春笋和竹鞭笋等品种，提升了小忠竹笋市场的供给量。除了继续发展小忠冬笋这个当地经济效益较高的产业外，还因地制宜地发展了在竹林下套种菇类这个未来可期待的新竹产业。笋菇同生，大大地提升了经济效益。由于竹笋有大小年之分，在竹笋"小年"的时候，竹笋产量低，收益较小。像大球盖菇等菇类的生长周期较短，一般来说，过了四五个月就可以采摘收获，竹农就可以在竹笋"小年"的时候套种大球盖菇，以增加收入。并且，种大球盖菇的时候，覆盖在大球盖菇上的稻草腐烂后，可以提高土壤的肥力，进一步推进了来年笋竹的生长，可以使来年的冬笋获得丰收。在竹林

---

① 2020年7月26日笔者在景宁调研时收集的资料。

下种植菇类，可以为更多竹农带来林下经济的"绿色红利"，而且也符合生态规律，可谓一举多得。①

松阳县象溪镇上梅村，依托当地马鞍山丰富的自然资源和畲族文化优势，以旅游观光产业为主导，农业、文化业和旅游业三产协调发展，探索出了一条适合自身实际的发展道路，建设了象梅畲寨度假休闲养生村。不仅实现了经济发展，而且还保护了生态环境，成为新时代少数民族村寨践行"绿水青山就是金山银山"理念的一个典范。上梅村坚持"绿水青山就是金山银山"的发展理念，充分利用马鞍山山清水秀的自然资源。畲寨背靠海拔 1200 米高的马鞍山，植被覆盖率高达 95% 以上，空气负氧离子含量 8000 以上，有一条溪流穿村而过。马鞍山的风光独好，有"石仙人""飞瀑群""牛铺红色革命老区""牛铺古树群""千年古庙遗址"与"马鞍山顶峰"等天蓝、水清、山高、树绿的天然风景。上梅村成立了象梅畲寨休闲旅游开发有限公司，建设休闲旅游项目，聘请浙江的一个旅游规划设计院做规划图，组织团队到台湾等地考察，在当地政府的批准和大力支持下，自筹资金，建设了象梅畲寨度假休闲区。该休闲区有畲寨文体广场 3000 多平方米，有畲寨农家乐 300 多平方米。畲寨农家乐设置在象梅清风寨周围，清风寨以前是钼矿洞，洞深 5000 米，在炎炎夏日，矿洞中传出的阵阵凉风，可以让游客

---

① 参见张巧燕、杜向阳：《笋菇同生增效益：遂昌三仁畲族乡发展林下经济，增加竹农收入》，遂昌新闻网，2020 年 1 月 20 日，http://news.lsnews.com.cn/df/202001/t20200120_312258.shtml。

在洞口纳凉避暑。农家乐有 5 个包厢，有特色宴会厅，大厅 60 个座位，一次性可以容纳 260 人。休闲区建有民宿，目前有 28 个房间，其中竹楼民宿更是别具特色。休闲区还设置了豆腐坊、畲家酿酒作坊、糕点加工、火腿加工等畲族农家体验区，在这里游客可以体验打麻糍、做豆腐、做年糕等畲族传统活动，还可以和当地人学习畲族舞蹈，品尝畲家特有的红曲酒。休闲区还有棋牌室和会议室，可以满足游客的多样化需求。为了让游客品尝到正宗的农家宴，休闲区建设了 50 亩绿色蔬菜基地、100 亩养殖基地专供农家乐使用。新鲜的无公害蔬菜，山林里放养的土鸡土鸭，还有用畲族传统方式熏制的火腿肉，这些食物保障了农家宴的品质。还采制了端午茶这个夏季日常饮品。端午茶是由村民在附近山上采集的 20 多种草药、植被配制而成，因每年只能在端午节前后 10 天左右采集，所以当地人称其为端午茶。端午茶口感独特，回味甘甜，同时还有清热解毒、安神助眠等功效。上梅村还进一步开发景区，利用清风寨这个矿洞资源，建设仙人洞景点。在瀑布下新修建的游泳池则成为亲子游游客的避暑乐园，从山上山泉中流下来的山泉水，清澈凉爽，驱走了炎炎热气。与之相配套的设施，纳凉长廊和儿童游乐广场也已建设完毕，利用山区海拔高、温度低的特点而规划的野外露营基地也正在建设之中。再加上遍布山间的 5000 米游步道，上梅村的休闲避暑景观建设已初具规模。为了配合旅游业的发展，上梅村对村庄的耕地林地进行了重新规划，陆续建成了皇菊基地、绿色蔬菜基地、养殖基地等农业功能区，逐步实现了由种植为主的传统农业向高效生态农业的转变。占地 200 多亩的皇菊基地是上梅村农文旅三产协调发展的一个典范，开展皇菊和油菜轮种、香榧套种的耕种模式，每年 4 月到 11 月底种植皇菊，12 月到第二年 4 月种植油菜。一方面，皇菊、油茶、香榧作为经济作物能带来较高的经济收入；另一方面，观菊台和游步道的修建，促使皇菊基地成为游客的必游景点，每年 11 月举办的菊花节，更是为这片皇菊园注入了别样的文化气息。套种套养作为生态农业的典型方式，在梅峰村也有广泛的应用，皇菊与香榧套种，山竹林下放养土鸡，既实现了资源节约利用，又带来了经济收入的提升。绿色、生态、高效、创新是支持上梅村现代农业发展的关键。上梅村通过这些举措，打造人居环境优雅，以好山、好水、好空气为一体的度假休闲养生基地。该基地先后获得文明村镇、国家 3A 景区、中国乡村旅游金牌农家乐等荣誉。①

不仅如此，畲族人民还制定了保护生态的村规民约。云和县雾溪畲族乡雾溪村制定了保护水源的村规民约，内容如下：

> 根据《浙江省饮用水水源保护条例》和《丽水市饮用水水源保护条例》内容要求，该村确定饮用水水源保护范围，在此范围内禁止下列行为：
>
> 一、设置排污口或者向水体倾倒、排放废弃物、污

---

① 根据 2020 年 7 月 23 日的调研访谈资料整理而成。

水以及其他可能污染水体的物质；

二、投饵式水产养殖；

三、宜耕后备土地资源开发；

四、抛弃、掩埋动物尸体；

五、法律、法规规定的其他禁止性行为以及其他可能污染水源的活动；

六、积极转变节水、用水观念，主动缴纳水费，不拖欠水费，确定收费人定时收缴水费。[①]

浙江景宁双后岗村出台了《双后岗村村民环境卫生公约》，内容如下：

为优化本村人居环境，改善村容村貌，更好地规范村民环境卫生行为，不断提高全村村民的生活质量，加快社会主义新农村建设，现就村民环境卫生制定如下公约：

一、牢固树立社会主义荣辱观，坚持以讲卫生为荣，不讲卫生为耻。

二、崇尚文明，树立新风，展示新貌，经常做好家庭环境卫生保洁。

三、室外保持整洁，房前屋后无杂草、无乱堆放，

---

① 来自 2020 年 7 月 26 日在云和县雾溪畲族乡雾溪村调研时收集的资料。

畜禽圈舍、厕所安排得当，粪便垃圾入池，门前用具摆放整齐，墙体无乱写乱画、乱钉乱挂。

四、室内经常打扫，清洁明亮，家具干净，摆放有序。

五、停车场、文化广场、篮球场、过路过道禁止乱堆、乱放、乱晒，家禽不得放入公共场所，否则做无主处理。

六、坚决执行"五水共治"行动，不乱扔、乱倒垃圾，严禁向河道倒垃圾，保持村庄河道干净整洁。

七、搞好四旁植树，绿化、美化家园。

八、争先创优，努力争当星级卫生文明户。

九、带头弘扬正气，敢于同一切不讲卫生，破坏环境的行为做斗争。

十、自觉接受社会监督和邻里监督，对不守社会公德，阻挠村庄环境整治的家庭户，一律提交村民代表大会讨论决定，实施相应的追究和处罚。

以上公约，希全体村民共同遵守。[①]

二、畲族生态伦理当代实践的不足及发展

尽管当前畲族生态伦理实践继承和发扬了畲族传统生态伦理

---

① 来自 2020 年 7 月 25 日在浙江景宁双后岗村调研时收集的资料。

的理念，但仍然存在着不足，亟待完善。当前，中国特色社会主义进入了新时代，社会的主要矛盾也已经发生了转变，畲族人民日益增长的美好生活需要与畲族地区的不平衡不充分的发展之间的矛盾日益突出。畲族人民基本上已经解决了温饱问题，在步入小康社会的进程中，畲族人民的美好生活需求非常广泛，在继续守住良好生态的前提下，要提高最基本的也是首要的物质文化生活水平。尽管畲族人民的物质生活水平与以前相比有较大的提高，但是与同一区域的先进地方相比，还存在着一定的差距。浙江畲族人民所居住的区域，仍然属于欠发达地区。因此，在畲族地区的乡村振兴战略中，最重要的还是产业兴旺，通过产业兴旺，达到生产发展和人民生活富裕。在实行产业兴旺的道路中，仍然存在一些薄弱之处，有待提高。

（一）加大生态科技力量的投入

"发展生态科技，推进科技生态化，是对传统科技发展模式的修缮，是人与自然和谐发展的可持续之路。"[1]生态科技是"用生态学整体观点看待科学技术发展，把从世界整体分离出去的科学技术，重新放回'人——社会——自然'有机整体中"，在科技发展的目标、方法与性质上要始终贯彻生态学原则。[2]走生态科技的建立与发展之路，不仅是实现人与自然和谐发展的重要环节，而且也是增强生态文明建设的发动力量。这主要因为

---

① 参见张星海：《发展生态科技的对策研究》，《科技管理研究》2012 年第 7 期。
② 参见余谋昌：《生态哲学》，陕西人民教育出版社 2000 年版，第 131 页。

科学技术是一把"双刃剑",人类依靠科学技术,虽可以建造高度的现代文明,但对自然的过度开采,也造成了资源枯竭、环境污染、生态失衡等科技时代的全球性生态危机,这给人类的生存与发展带来了严重威胁和损害。另一方面,我们必须认识到科学技术作为一种工具,其自身是中性的,无所谓善恶,科技对人类是造福还是祸害,是合理运用(善用)还是非理性运用(包括恶用、误用或滥用),完全由人类自身来决定。①科技的异化是以人类为中心,以控制和征服自然的价值观为指导,缺乏生态价值维度造成的。②因此,要真正做到科学技术与社会、环境的协调发展,促使科学技术的正效益达到最大化,负效应达到最小化,就必须发展尊重自然、以人与自然协同发展为中心的生态科技。畲族地区的产业发展,仍需要以生态科技发展为驱动力,提升产业发展水平。因此,要加大生态科技创新推广力度,为产业的可持续发展注入新的活力。有着"浙江省毛竹之乡""浙江省农业特色优势产业竹木强乡"称号的遂昌县三仁畲族乡,竹笋久负盛名,据史书记载,它曾经作为朝廷的贡品,这说明它品质优良。自从《舌尖上的中国》播出了该乡的冬笋后,冬笋的知名度进一步提升。为提高毛竹的效益,加大新产品的开发力度,该乡跟省市农林科学研究院等院校合作,在竹林高效专家,被誉为"竹博士"的金爱武教授的指导下,

---

① 参见张星海:《发展生态科技的对策研究》,《科技管理研究》2012年第7期。

② 参见陶火生、缪开金:《绿色科技的善性品质及其实践生成》,《武汉理工大学学报(社会科学版)》2008年第4期。

坑口亲农谷休闲旅游有限公司深入发掘竹文化和酒文化，于2010 年开发出一种"活化、生态、天然"的"活竹酒"，这种"活竹酒"是把白酒注入毛竹中，在毛竹生长过程中，这酒也在发酵，它比一般市场上白酒的价格要高一些，并利用网络平台的认养模式，把"活竹酒"推向市场。该乡还利用自然资源优势，培育出一批区域特色企业，从事竹笋产品加工，生产出有关竹笋的绿色食品、有机食品，并享有盛名，在农业生产中占据主导地位。这些区域特色企业中，羽峰食品厂脱颖而出，"羽峰"商标成为浙江省级著名商标，并数次荣获中国森林博览会、浙江省农博会金奖。此后，凭借省级现代农业综合区建设需求，强化与浙江农林大学、省林科院等科研院校的协作，增加科技力量的投入，提高科技含量，加快农业科技进村入户，着手实施冬笋覆盖、测土配方施肥、竹腔施肥和大径材培育等新技术的开展与培训，提升农民的毛竹种植科技水平，推进毛竹产业效益和农民收入的提高。在绿色生态理念的指导下，进一步发展绿色、生态工业，走可持续发展道路。在浙江省现代竹子科技园区内，汇集了竹制品加工企业，采用集约化生产，减少污染排放，提升生态环保品质，促进竹加工走"专、精、特、新"发展之路，延长产业链。①

作为"中国畲族第一乡"的桐庐县莪山畲族乡在实施乡村

---

① 参见《三仁畲族乡"十三五"国民经济和社会发展规划》，遂昌县人民政府网，http://www.suichang.gov.cn/zwgk/bmzfxxgk/002662681/04/0401/201806/t20180627_3249426.html。

振兴战略中，坚定走传承和发展畲族传统农耕文化，着力打造"一村一品"的特色产业发展之路。其中沈冠村侧重以"稻香沈冠"为品牌的田园生活综合体。畲族有"稻鱼天养"的传统耕种方法。笔者于 2015 年 8 月份在云和县"中国最美梯田"核心景区所在地的下洋自然村调研时，就有村民在自家 3 块田地里实行稻田养鱼。下洋自然村 40 多户，共计 210 人，其中畲族人口占 81%。该村位于半山腰，从崇头镇进来要经过盘山公路，每天有两三趟公交班车。年轻人外出打工，50 岁以上的人在家种田打零工。农历四月下旬在稻田里插秧后，放鲤鱼苗。四五月份在水田放 40—50 条鲤鱼。稻田平常保持 10 厘米深的水，田里的鲤鱼不喂养饲料，自然生长。稻子也不打农药，不施肥料。农历八月份收割稻谷，田里的鱼继续养，到第二年稻谷丰收后，鱼才长到 1 斤重，鱼的数量也会减少，遇到下大雨时会被雨水冲走，原先的 40—50 条到收成的时候只有 20—30 条。稻田养鱼的收益要比纯粹种稻田的收成好一些，不仅获得鲤鱼的收入，稻谷的产量也会增加 1 成左右。村民养鱼种稻纯粹是自己吃，自给自足。① 沈冠村在对畲族"稻鱼天养"的传统耕种方法进行充分挖掘的基础上，引入现代科学技术，打造"鱼米香""稻鱼共作"基地。2019 年，作为国内知名稻渔共作系统专家，浙江大学生命科学院陈欣教授、唐建军教授、张剑博士等来到秸山畲族乡沈冠村，指导稻鱼共生系统项目。"稻鱼共作"需要改造稻

---

① 2015 年 8 月份在云和县"中国最美梯田"核心景区所在地的下洋自然村调研收集的资料。

田，提升排水系统，开挖沟坑，加固田埂，建设防逃防害防病设施，建设田间机耕与辅助道路。由于"稻鱼共作"是通过以鱼促稻、以田养鱼、稻鱼共生的方式，不需要施农药、除草剂，只需少量的肥料，非但不会造成农业面源污染，反而能保持土壤肥力，保护生物多样性，还可以达到原生态稻和鱼增产增收的效果。"稻鱼共作"延续畲族传统的绿色生态种植，伴随着现代科学技术的引入，提供了绿色有机无公害农产品，极大地提升了经济效益，使原本亩产不足 500 元的水稻田变成了亩产万元，努力实现"一亩田，百斤鱼，千斤稻，万元钱"的目标，实现社会、经济、生态效益的完美统一。目前，"稻鱼共作"项目建成面积 50 多亩，今后会扩大至 120 亩，还会继续开展稻虾、稻鳅共作模式的相关试验。① 如果说"稻鱼共作"项目是畲族"稻鱼天养"传统农耕法与现代科学技术相结合的典范的话，那么现代科学技术助推畲族传统农耕技术上了一个新的台阶，就更加凸显现代科学技术的强大魅力。莪山畲族乡的另一个民族村龙峰，着力打造"酒香龙峰"品牌，开发畲族特色的红曲酒，正呼唤着现代科学技术的力量。莪山畲族乡红曲酒，酒味醇正，百年制作工艺，是省级非物质文化遗产。畲族人民喜欢喝酒，尤其爱喝自己酿造的红曲酒，每年秋冬季节，畲族几乎家家户户都酿制红曲酒，红曲酒酿好后，用它来招待客人。红曲酒的功效

① 参见桐庐县民宗局：《桐庐县莪山畲族乡发展稻鱼共作产业初具成效》，杭州市民族宗教事务局网，2020 年 5 月 14 日，http://mzj.hangzhou.gov.cn/art/2020/5/14/art _1632183_42973940.html。

颇多，具有补肺、健脾、止汗、舒筋活血、抗寒冷等功能，还具有治疗跌打损伤、产妇腹中及产后瘀血，促使产妇恢复体力、多产奶水等疗效。但是红曲酒也存在着保存时间短、不耐储存、时间长了容易变色的缺点。并且红曲酒是畲族人民按照传统的方法酿造的，产量不大。这些缺点限制了红曲酒市场的深度开发和推广。龙峰村举办了"庆丰收、酿新酒"第三届红曲酒开酒节，建造了红曲酒文化展陈馆，于 2017 年成立桐庐雷公红曲酒专业合作社，在尧山坞自然村建造了酿酒的厂房，跟绍兴黄酒厂家和一些专家进行了联系，千方百计地想把畲家的百年制作工艺进行现代化、机械化改进，从而推进红曲酒的产业化、规模化的发展，红曲酒的发展极其需要科技力量的投入。[①]

（二）健全各项补贴制度

农业是个关系到国家生存和安危的产业，也是我国现代化建设中最薄弱的环节，更是一个亟待发展壮大的产业。畲族自古以来就是一个农耕民族，虽然我国已经开展了城镇化改革，有部分畲族人民在城市或城镇打工，但是畲族的主体还在农村，畲族人民仍然从事农业。农业仍然是畲族经济发展的行业，也是畲族地区乡村振兴主打的产业。为进一步壮大农业，政府仍然需要采取一些惠民措施，加强和健全农业补贴制度，以此增强畲族人民群众的获得感和幸福感。

---

① 来自 2020 年 8 月 22 日在桐庐县莪山畲族乡龙峰村的调研。

粮食是农业之根本。自从 20 世纪 80 年代实行家庭联产承包责任制以来，农村实行土地分田到户，激发和提高了农民的种田积极性，在平原地带，农民种植双季稻，在海拔较高的地方，种植单季稻。早先实行粮食征购制度，每户都种植稻谷，除了完成交纳公粮的任务之外，还获得一定的粮食收入，促进了我国农业的发展。随着生产力的发展，特别是城市的工业化发展，多数农村劳动力到城市打工，由于城市的打工收入远远超过种粮食的收入，加之取消了粮食收购任务，农民种粮食的积极性在下降。从成本收益的角度来分析，种植稻谷，收益低于成本，不划算。不仅投入的时间、精力多，而且化肥等费用也不低，加之稻谷的收购价格不高。从投入的劳力来算，出去打工赚来的钱远远超过种植稻谷赚的钱。因此，只有年纪大的人，才在家里种稻谷。年轻人外出打工，把田租给其他人，获得一定的租金。由于种植茶叶、果树等经济作物的收入高于种植粮食的收入，因此，有的地方全部田地都种植茶叶，有的地方大部分田地种植梨等经济作物，少部分田地种植稻谷，自家食用。有的家庭把田地租给他人，全家人外出打工或在家打工。有的畲族村落实行了土地流转，村民在家附近的针织厂等厂里打工，将家中一二亩田地都租给村里的农业合作社，由农业合作社集中拥有大面积的田地，实行规模化的种植业，开展小型机械化种植稻谷。上半年种植水稻，下半年轮种油菜。合作社有专门的管理人，从事农业种植的管理活动，在农忙季节还雇佣一些村里的农民从事农事活动。稻谷和油菜的收入加上国家给予的规模农业的补贴，扣除成本，才会有所盈余。今后，各地需要因地制宜，通过产业的发展来促进农业的发展，加大产业发展补贴的力度。浙江畲族地区山多地少，有限的土地又分到各户，分散的土地不利于产业的发展，以家庭为基本单位的小农生产农业经营形式难以适应农业现代化和产业化发展的需求，因此，在产业发展的过程中，可以通过土地流转方式，实行规模化的生产，让一部分人从事农业，其余的人可以从事其他行业，实现各得其所。

2018年暴发的非洲猪瘟疫情给中国的生猪养殖业带来了致命的损害。作为病毒性传染疾病，非洲猪瘟拥有死亡率高、传染性强的特点，严重危害了我国生猪养殖产业。[①] 很多地方生猪养殖户遇到非洲猪瘟疫情，导致生猪全部死亡，给他们的财产带来了重大的损害。在调查中，有的地方的养猪户，家里养了20多头生猪，有的重达200斤，养猪户正准备拿到市场销售，哪料一场非洲猪瘟疫情，致使生猪全部死亡，损失了二三十万元，养猪户为自己迟疑的决断而感到恼恨。有的地方的养猪户，尽管没有受到非洲猪瘟疫情的影响，但是在养殖的过程中，为了防止各种疾病灾害带来的风险，采取了很多措施：把猪圈设置在人迹罕至的地方，家里一年到头不买猪肉吃，不敢买猪肉吃，害怕带来疾病，给自己带来损害。因为这些猪是养猪户的全部家当，养猪户不可能把它搞砸，搞砸了自己就得亏本。因此，养猪户自己养一些鸡、鸭吃，从不上市场买肉吃，以此来

---

① 参见薛建稳：《非洲猪瘟防控措施》，《畜牧兽医科学》2020年第3期。

防范猪瘟疫情带来的风险以及各种不利的影响。为防控非洲猪瘟疫情，政府在技术培训、给予养殖户补贴和设施建设等方面投入了巨大的资金。由于我国养猪户数量庞大，养殖规模大，难以实行全面的扶持补贴制度，只能采取抓大放小的策略，扶助具有一定规模的企业。[①] 因此，针对非洲猪瘟疫情给养殖户带来的重大损失，政府给予大规模的养殖场较大额度的补助，对一些养猪数量较小的养猪户，只是象征性地给予较少的补助。在调查中，同样是遭受了非洲猪瘟疫情，养猪场里的每头猪得到了 2000—3000 元的补助，而散养户的每头猪却只得到了 200 元的补助。尽管如此，散养户表示仍将继续养猪，毕竟养猪和做木耳是他们赖以生存的主业。在多种因素的影响下，主要是非洲猪瘟疫情与生猪价格周期性下行的影响，全国生猪和能繁母猪存栏同比下降 20%，估计全年猪肉产量将降低，后期生猪供应趋于紧张。浙江省人民政府为稳定生猪生产，保障市场供应，做好非洲猪瘟等疫病防控，于 2019 年 7 月 15 日出台了 8 项举措鼓励养猪。其中涉及补贴的内容有："省级财政对规模养殖场在 2019 年 7 月 1 日至 12 月 31 日期间从本省种猪场引进的种猪，每头给予 500 元的临时补贴；整合和安排补助资金，采用'以奖代补'方式（对符合要求的养殖场）给予补助；安排专项资金，对存栏 5000 头以上大型规模猪场全面开展非洲猪瘟自检给予补助；省级以上财政对种猪场和年出栏 5000 头以上规

---

① 参见邵海鹏：《借鉴国外防控经验，提高我国猪瘟应对能力》，《中国食品》2019 年第 23 期。

模猪场给予贴息补助，要求地方财政根据财力给予贴息。"①毫无疑问，政府对规模养殖场的财政补助能够及时有效地促进生猪生产，保障市场供应。今后，政府仍然需要加大补助的力度，在讲求"效率"的同时仍然要兼顾"公平"，补助的对象不仅包括规模养殖场，还应包括养猪数量少的养猪户。通过补助，可以帮助养猪数量少的养猪户渡过难关，也可以及早恢复我国养猪市场的健康发展。

（三）健全农业保险制度

农业保险对于农业大国而言十分必要，对于畲族地区农业生产亦十分重要，它是分散畲族地区农业生产经营风险、维护畲族地区农民利益的重要手段，在保障畲族地区粮食安全、促进畲族地区乡村振兴、推进畲族各区域均衡发展、实现畲族地区精准扶贫方面有着重要作用。

首先，农业保险对于保障畲族地区粮食安全有着重要作用。由于城镇化进程加速发展，工业化进程逐渐加快，畲族农村的适龄人群为了改变生存环境开始大量地向城市涌入，农村劳动力明显走低，加之自然环境被破坏和资源承载力的逐渐降低等原因，加重了畲族地区粮食安全问题。民以食为天，作为国家安全体系的重要组成部分，畲族地区粮食安全的重要性是不言

---

① 浙江省人民政府办公厅：《〈浙江省人民政府办公厅关于进一步促进生猪生产保障市场供应的通知〉政策解读》，浙江省人民政府网，http://www.zj.gov.cn/art/2019/7/15/art_1229019366_65185.html。

而喻的。然而，在诸多因素的挟持下，在接下来的很长时期里，我国依然面临粮食安全形势异常严峻的情况。加之我国是人口大国，如何保障国家的粮食安全显得尤为重要。保障畲族地区农业健康发展是保障国家粮食安全的基础，发展农业保险是保障畲族地区农业健康发展的重要手段。然而，对于畲族地区而言，农业生产并不是一直处于稳定状态，它时常受到不确定的自然灾害的影响。因此，好好地发展农业保险，将这种分散畲族地区农业生产经营风险的重要手段做好用足，能够在因自然灾害导致农业损失的情况下，大大降低畲族农户的损失，从而保障畲族农户再次进行农业生产的积极性、畲族农业生产的持续发展和国家的粮食安全。

其次，农业保险对于促进畲族地区乡镇振兴有着重要作用。实施乡镇振兴战略是新时代党和国家的重要事项之一，对于全面实现小康社会具有重要意义。这就要求畲族地区坚持农业生产的健康发展、优先发展，在此基础上逐步实现畲族农业农村的现代化发展，并向中国农业农村发展的新时代迈进。而在畲族地区全面部署乡镇振兴战略时，保险就不得不提，尤其是农业保险，对于促进畲族地区乡镇振兴有着不可或缺的作用。畲族地区乡村振兴战略的内容是多方面的，既包括畲族的农业生态环境建设，又涉及畲族乡村风气等方面的建设，这就对畲族的农业生产提出了更高的要求，不仅仅是要提高畲族农业生产增产的速度，同时还要多注重畲族农业生产的高质量发展。只有畲族农业生产高质量地发展，才能保障畲族农村生态环境、农村面貌、农民道德素质。而畲族地区农业生产的高质量发展离不开农业保险，将农业保险在畲族农业生产中全面覆盖，对畲族地区乡村振兴中所面临的风险有一定程度的缓解作用，从而为畲族农村生态环境保护、乡村整体建设以及农村文化素质的提高探索新路径。

再次，农业保险对促进畲族各区域均衡发展有着重要作用。由于历史、政治、位置、交通、环境等因素，我国畲族山区发展的阻力较大，尤其是在经济发展方面。长期以来，和城市地区相比较，其经济发展水平相对落后。随着国家现代化进程的逐渐加速，城市地区促进经济发展的资源越来越丰富，畲族山区却一直比较贫乏，那么，畲族山区与城市地区间存在着区域之间经济发展非均衡性持续扩大的趋势。而畲族山区由于自然环境因素，是自然灾害的高发区，一旦不幸碰上自然灾害，其农业生产的损失将会十分惨重。这种情况下，如果对于其损失没有补偿，没有农业保险的保障，面对所遭受的损失，畲族人民农业生产的积极性会大大降低，最终将会影响其经济的可持续发展。有鉴于此，正视农业保险对于畲族山区而言有十分重要的意义。通过农业保险，可以降低畲族山区农业生产的损失，从而提高畲族山区经济发展的质量和效应，促进畲族各区域均衡发展。

最后，农业保险对于实现畲族地区的精准扶贫有重要作用。精准扶贫是治理贫困的重要方式，其对于畲族农村贫困户的生存与发展有着重要的保障作用。在畲族地区精准扶贫过程中，主要是依据不同贫困区域的特点，按照畲族地区不同贫困户的具体情况，通过相关科学有效的程序，对帮扶对象进行精准的识别、帮扶和管理。然而，畲族地区农业生产过程中，不可预见的灾难时有发生，可能一场灾难就能让畲族地区的脱贫户再次返贫。因此，农业保险的作用就越来越凸显，面对畲族农业生产中的风险，农业保险就是畲族贫困户最好的底线，可以为畲族地区精准扶贫搭起一道人工屏障，可以解决因自然灾害而导致的返贫，为进一步实现畲族地区精准扶贫提供重要的保障。因此，积极发展农业保险，对于提高畲族地区精准扶贫的效益有重要作用。

1. 农业保险不足

对于畲族地区而言，农业是最基础的产业，同时也是最重要的产业。然而，在畲族农业生产过程中，对于突如其来的自然灾害，其抵抗能力往往较弱，畲族地区农业生产的产量也会受到影响。再加上畲族农村的整体文化素质偏低，想要保障畲族地区农业健康、持续地发展，就必须重视农业保险。自然灾害降临时，一方面，农业保险能够分散畲族地区农业生产自然风险，对于灾后损失的部分给予补偿；另一方面，畲族地区农业生产获得补偿，能够提高畲族地区农民的再生产积极性，有利于稳定畲族农业经济发展。但是，目前我国畲族地区农业保险还不是很健全，在发展过程中还面临着很多问题。

第一，农业保险参保率低。尽管农业保险制度已经推行了一段时间，但是没有被畲族农户很好地接受。目前，畲族地区农业保险的参保率还是偏低。究其原因，一是宣传力度不够。农业保险针对的对象是农户，一般畲族农村都位于比较偏远的地方，因为交通、经济成本等因素，农业保险宣传人员很难真正地深入基层，为畲族农户介绍农业保险的概念、种类、重要性等问题。而是通过网络进行宣传，但因为畲族农户对网络的了解不够深，农业保险的宣传不能真正地达到理想的效果。而且我国畲族地区农民的整体文化素质不高，对农业保险这样的新鲜事物的接受能力比较差，所以参保的积极性不高。因此，由于宣传力度不够，很多畲族地区的农民没有参加保险，导致畲族地区农业保险的参保率比较低。

第二，农业保险的范围较窄。在自然灾害面前，畲族地区传统农业是十分弱势的产业。因自然灾害造成的畲族地区农民破产在精准扶贫过程中时有发生。因此，在畲族地区的农业生产过程中加强风险防范就显得尤为重要。农业保险对增加畲族地区农业生产过程中的抗风险能力有十分重要的作用。但是，目前，由于农业保险的范围较窄，一些动物的养殖、农作物的种植没有相应的保障。农业保险的范围太窄，使得一些没有在保险范围的养殖业和种植业越来越少，这势必影响畲族地区农民坚持农业发展的信心和积极性，从而影响畲族地区农业生产的健康、持续发展。现行的农业保险局限在水稻、能繁母猪和奶牛等 15 个品种，其他不在农业保险范围内的农作物因缺少农业保险的保障，其生产处于不利的境地。

第三，农业保险制度体系还不够完善。自从 2012 年国务院发布了《农业保险条例》以来，我国农业保险的发展就步入了法治化轨道，亦进入了规范化发展的新征程。然而，农业保险发展仍然面临一些问题，这不仅源于农业保险的法治化、制度化、规范化起步太晚，而且还因为农业保险本身的体系建设并不健全，不能满足现代农业发展的要求，也无法为畲族农业生产保驾护航。由于畲族地区农业生产有其特殊性和社会性，只有不断完善农业保险的制度体系，才能进一步促进畲族的农业发展。农业保险既需要政府的大力支持，又需要相关部门协同监管合作。可是目前对于农业保险，畲族地区各级政府补贴职责的划分、对各部门具体职责的分配并不是很明确，难以形成统一的协调监督机制。同时，农业保险本身存在一系列问题，如市场参与主体的逆向选择与道德风险、咨询服务与理赔服务、大灾风险管理机制、费率厘定机制等都需要法律、法规明确。有鉴于此，农业保险制度体系不够完善，会影响畲族地区农业保险的健康发展。

2.进一步完善农业保险的措施

新时代中国特色社会主义的全面发展，包括全面建成小康社会、努力完成脱贫攻坚、抓紧实现乡村振兴，这一系列的战略发展，离不开农业保险的高质量发展。[①] 畲族地区要与新时代中国特色社会主义发展相适应，因此，我们必须要进一步完善农业保险，使其发挥对畲族地区农业生产经营的重大保障作用。

第一，加大对农业保险宣传，逐步提高畲族地区的参保率。目前，农业保险在畲族地区的宣传力度还需要进一步强化，为

---

① 参见全周延礼：《六项建议推动农业保险高质量发展》，《农村金融时报》2020 年 1 月 13 日。

了能够逐步提高畲族人民的参保率，我们要更好地把农业保险普及给畲族农民，让畲族农民了解农业保险知识，明白农业保险在畲族农业发展中的重要作用。只有不断为畲族农民普及农业保险知识，强化农业保险在畲族地区的宣传力度，才能让更多的畲族农民群众参与进来。[①] 具体而言，我们可以采取以下几种方式，来进一步强化农业保险在畲族群众的宣传力度，让畲族农民了解自然灾害后损失补偿，使畲族农民能够很好地理解农业保险对其的益处、对农业生产的保障作用，从而提高畲族地区农业保险的参保率。其一，农业保险的经办机构要注重对农业保险的宣传，通过组建骨干队伍的方式，下到畲族基层中深入开展政策性农险知识讲座。在讲座中可以通过普通话和方言对相关案例进行讲解，从而让畲族农户能够真正了解农业保险的品种、投保程序、参保要求及双方的权利和义务等相关知识。继而通过直播和演示的方式向畲族农户推广农业保险，激发畲族农户的投保热情，特别要引导畲族农户注意面临自然灾害的风险防范意识，保护畲族农业生产健康发展，从而提高畲族农户的参保意识。其二，我国各级农业部门也要行动起来。要积极地参与到有关农业保险的培训中去，通过培训、学习，熟练地掌握关于农业保险的具体知识，主要包括农业保险的产品、政策、理赔、服务等方面。各级农业部门的相关工作人员要将学到的农业保险知识，在广大畲族农民中进行积极地宣传，

---

① 参见肖梦娜：《试论农业保险——中国农业发展的重要保障》，《市场周刊·理论版》2018年第9期。

使他们能够更加深入地了解农业保险知识给他们的农业生产带来的利益，从而能更好地接受农业保险。其三，保险公司的工作人员也要根据实际需要，深入到畲族农民中去，开展相关活动，最好能够面对面地对畲族农民进行农业保险的培训，使畲族农民群众能够多方面地学习农业保险知识。一方面，要让畲族农民了解农业保险的分散风险作用以及自然灾害后如何进行相关损失的补偿；另一方面，要普及关于农业保险对提高防御灾害的作用以及对提高畲族综合农业生产能力的作用。通过灵活多样的方式，不断加大宣传力度，提高畲族地区农业保险的参保率。

第二，扩大农业保险的范围。畲族的农业生产比重较大，无论是种植业还是养殖业，种类都繁多。然而，目前我国农业保险的范围却不够宽，这就使得很多畲族地区的农作物和养殖的动物没有被纳入农业保险的范围，如此粗放的农业保险对畲族农业的生产经营是十分不利的。如果一直维持着此种发展思路，不加以改变，农业保险的保障水平将大打折扣。因此，我们要不断地扩大农业保险的范围，使农业保险能够高质量地发展。在种植业方面，畲族地区种植的农作物种类非常多，如果只将水稻、母猪、奶牛等15个品种纳入农业保险的范围，是远远不够的。然而，目前只有这15个品种被纳入中央财政保险保费补贴范围，畲族地区其他农作物的种植必会受到影响，这种范围较少的农业保险不利于畲族地区农业的可持续发展。同时，在畲族的农业生产中，经济作物也需要农业保险的保障，但是这些经济作物还没有被覆盖到。只有不断地扩大农业保险的范围，才能更好地维护畲族地区的生产经营，才能对畲族的农业、经济发展起到推动作用。此外，我们还要提高农业保险的保额。2019 年，浙江省人民政府出台了关于提高保额的规定，明确指出目前生猪政策性保险保额偏低。为了改善这种对农业保险发展不利的情况，要尽快完善能繁母猪和育肥猪政策性保险，提高相关的保额，以维护养殖业的健康发展。同时，针对政府扑杀病猪的情况，也要保护养殖户的利益不受损失，要将其纳入能繁母猪和生猪政策性保险责任范围，从而降低农民的养殖风险。当然，也必须将政府扑杀补贴列入农业保险理赔范围，从而更好地保障农民的利益。[①] 这项措施对于提高农业保险的保额及其保障水平具有重要意义，同时也有利于畲族地区的农业发展。

第三，完善农业保险的法律法规。农业保险的健康发展，离不开法律的保障。虽然畲族地区农业保险的法治化进程已有了一定的发展，但是仍存在不足，需要不断地完善。只有通过不断地完善农业保险的法律法规，才能更好地减少自然灾害带来的损失，从而保护畲族地区农民农业生产利益。只有通过法治化手段才能更好地约束农业保险的双方，避免各自利益受损，从而不断推动农业保险在畲族农业生产经营中的应用，将其作用发挥到最大化。完善农业保险的法律法规，具体而言表现为

---

① 浙江省人民政府办公厅：《〈浙江省人民政府办公厅关于进一步促进生猪生产保障市场供应的通知〉政策解读》，浙江省人民政府网，http://www.zj.gov.cn/art/2019/7/15/art_1229019366_65185.html。

以下几个方面：首先，目前指导农业保险应用的大多都是政府下发的指导性文件，这种规范性文件的效力比较低，对保险双方的约束力一般比较差。尽管景宁畲族自治县人民政府办公室发布的《关于切实做好 2009 年政策性农业保险》对畲族的农业生产起到了一定的保护作用，但是，其仅仅是政府下发的规范性文件，法律层级较低，农业保险的法治化进程有待于进一步加速。因此，我们要将涉及畲族农业保险的政府规范性文件进一步变成法律条文，形成农业保险法律法规，明确规定农业保险的赔付时间、范围以及金额。这样以法律的形式确定下来，才能更好地约束农业保险双方，才能更好地保护畲族地区农民的利益。其次，要不断完善农业保险的法律法规，建立农业保险的法律保障机制。关于农业保险的法律法规中，要不断完善农业保险基金保障机制。在农业保险的法律法规中规定，各级政府要将上级政府关于农业保险的补贴资金与地方配套的农业保险基金进行捆绑，从而建立起农业保险的应急保障基金，以应对自然灾害所带来的损失，将相关保障基金直接补偿给受灾的畲族农户，从而发挥最大的效益，让畲族农业发展也能享受农业保险所带来的益处。最后，要不断完善农业保险的法律法规，建立农业保险的监督机制。要在农业保险的相关法律法规中，明确政府部门的职责，主要包括完善农业保险的管理机制、规定不同部门及相关工作人员的职责范围，以及不同部门的工作任务要进一步细化并落到实处。同时，必须将农业保险相关工作的完成情况纳入年度工作考核范围，将其作为下一年度竞标的依据。还可以通过调查、回访等形式加大对农业保险经办机构的监督，通过深入了解畲族农户对农业保险服务工作的意见，及时向农业保险经办机构提出相关整改要求，对于农业保险所存在的问题进行协调解决，从而提高畲族地区农业保险的服务质量。

第四，完善农业保险的咨询、理赔等服务体系。畲族地区农业保险服务的完善对于加快农业保险的推广速度、提高农业保险的参与率有十分重要的作用。因此，畲族地区相对完善的咨询、理赔等服务体系是我们做好农业保险的重要内容。一方面，为了完善畲族地区农业保险的咨询服务，我们可以在畲族村镇里面建立专门负责农业保险咨询的服务定点，从而更好地解决广大畲族地区农民关于农业保险的疑问，也帮助他们更准确地了解农业保险。通过畲族地区农业保险的咨询服务，使更多的畲族地区农民能够积极地了解农业保险知识，并参与到农业保险中来，有利于农业保险的高质量发展。另一方面，为了完善畲族地区农业保险的理赔服务，农业保险的服务人员应该积极、热情地配合政府的相关工作，将畲族地区农业保险理赔的各项事宜处理妥当。只有在自然灾害发生之后，及时地确定畲族地区农民的经济损失，并认真帮助其提供相关的理赔材料，才能逐步提高畲族地区农民群众对农业保险的好感和信心。

参考文献

一、著作

［1］ Paul Taylor. Respect for Natur [M]. Princeton：Princeton Uniersity Press, 1986.

［2］ John Cobb. The Process Perspective, st. Louis [M]. Missouri：Chalice Press, 2003.

［3］ Rosemary. R. Ruether. New woman / New Earth：Sexits Ideologies and Hvman Liberation [M]. New York：The Seabury Press, 1975.

［4］ 马克思，恩格斯 . 马克思恩格斯选集 [M]. 北京：人民出版社，1972.

［5］ 沃浓·路易·帕林顿 . 美国思想史 1620—1920[M]. 陈永国

等，译．长春：吉林人民出版社，2002.

［6］ 托马斯·杰斐逊．杰斐逊选集 [M]．北京：商务印书馆，2011.

［7］ R.W. 爱默生．自然沉思录 [M]．博凡，译．上海：上海社会科学院出版社，1993.

［8］ 亨利·戴维·梭罗．瓦尔登湖 [M]．苏福忠，译．北京：人民文学出版社，2004.

［9］ 约翰·缪尔．夏日走过山间 [M]．邱婷婷，译．上海：上海译文出版社，2014.

［10］ 约翰·缪尔．我们的国家公园 [M]．郭名倞，译．长春：吉林人民出版社，1999.

［11］ 菲利普·沙别科夫．滚滚绿色浪潮：美国的环境保护运动 [M]．周律，张进发，吉武，盛勤跃，译．北京：中国环境科学出版社，1997.

［12］ 阿尔贝特·史怀泽．敬畏生命——五十年来的基本论述 [M]．陈泽环，译．上海：上海社会科学院出版社，2003.

［13］ 奥尔多·利奥波德．沙乡年鉴 [M]．侯文蕙，译．长春：吉林人民出版社，1997.

［14］ 霍尔姆斯·罗尔斯顿．环境伦理学——大自然的价值以及人对大自然的义务 [M]．杨通进，译．北京：中国社会科学出版社，2000.

［15］ 莫尔特曼．创造中的上帝 [M]．隗仁莲，宋炳炎，译．上海：上海三联书店，2002.

［16］ 何怀宏 . 生态伦理：精神资源与哲学基础 [M]. 保定：河北大学出版社，2002.

［17］ 余谋昌 . 生态伦理学——从理论走向实践 [M]. 北京：首都师范大学出版社，1999.

［18］ 王正平 . 环境哲学——环境伦理的跨学科研究 [M]. 北京：人民出版社，2004.

［19］ 余谋昌 . 生态哲学 [M]. 西安：陕西人民教育出版社，2000.

［20］ 赖品超 . 生态神学 [M]. 香港：香港基督徒学会，2002.

［21］ 杨通进 . 生态中心主义（二）：深层次生态学 [M]. 保定：河北大学出版社，2002.

［22］ 李瑞红 . 萝斯玛丽·雷德福·鲁塞尔的生态女性主义神学思想研究 [M]. 北京：中国社会科学院研究生院，2008.

［23］ 雷毅 . 生态伦理学 [M]. 西安：陕西人民教育出版社，2000.

［24］ 章海荣 . 生态伦理与生态美学 [M]. 上海：复旦大学出版社，2005.

［25］ 于川 . 实践哲学语境下的生态伦理研究 [M]. 上海：上海社会科学院出版社，2019.

［26］ 李春秋，陈春花 . 生态伦理学 [M]. 北京：科学出版社，1994.

［27］ 周国文 . 西方生态伦理学 [M]. 北京：中国林业出版社，2017.

［28］ 王国聘，曹顺仙，郭辉 . 西方生态伦理思想 [M]. 北京：中国林业出版社，2018.

［29］　佘正荣．生态智慧论 [M].北京：中国社会科学出版社，1996.

［30］　施联朱．畲族 [M].北京：民族出版社，1988.

［31］　施联朱．畲族风俗志 [M].北京：中央民族学院出版社，1989.

［32］　周国文．自然权与人权的融合 [M].北京：中央编译出版社，2011.

［33］　《中国少数民族社会历史调查资料丛刊》福建省编辑组，修订编辑委员会．畲族社会历史调查 [M].北京：民族出版社，2009.

［34］　顾炎武．天下郡国利病书 [M].上海：上海古籍出版社，2012.

［35］　周荣椿．处州府志 [M].清光绪三年（1877）刊本。

［36］　永春县志 [M].明万历刻本．

［37］　邓光瀛．长汀县志 [M].民国二十九年（1930）修．

［38］　积谷岭雷氏族谱 [M].清同治元年（1862）重修．

［39］　平昌雷氏宗谱 [M].民国三十六年（1937）重修．

［40］　汝南蓝氏宗谱 [M].民国二十年（1931）重修．

［41］　黄惠．龙溪县志 [M].清乾隆二十七年（1762）修．

［42］　陈幸良，邓敏文．中国侗族生态文化研究 [M].北京：中国林业出版社，2014.

［43］　蓝炯熹．畲民家族文化 [M].福州：福建人民出版社，2002.

［44］　雷弯山．畲族风情 [M].福州：福建人民出版社，2002.

［45］ 石奕龙，张实 . 畲族福建罗源县八井村调查 [M]. 昆明：云南大学出版社，2005.

［46］ 钟伏龙，林华峰，颜素开，陈银珠 . 闽东畲族文化全书·民间故事卷 [M]. 北京：民族出版社，2009.

［47］ 颜素开 . 闽东畲族文化全书·民俗卷 [M]. 北京：民族出版社，2009.

［48］ 缪品枚 . 闽东畲族文化全书·民间信仰卷 [M]. 北京：民族出版社，2009.

［49］ 陈泽远，陈利灿，林品轩 . 闽东畲族文化全书·医药卷 [M]. 北京：民族出版社，2009.

［50］ 雷志华，蓝兴发，钟昌尧等 . 闽东畲族文化全书·歌言卷 [M]. 北京：民族出版社，2009.

［51］ 雷伟红 . 畲族习惯法研究——以新农村建设为视野 [M]. 杭州：浙江大学出版社，2016.

［52］ 王逍 . 走向市场——一个浙南畲族村落的经济变迁图像 [M]. 北京：中国社会科学出版社，2010.

［53］ 马骍，陈建樾 . 中国民族地区经济社会调查报告——宁德畲族聚居区卷 [M]. 北京：中国社会科学出版社，2015.

［54］ 邱国珍，姚周辉，赖施虬 . 畲族民间文化 [M]. 北京：商务印书馆，2006.

［55］ 雷伟红，陈寿灿 . 畲族伦理的镜像与史话 [M]. 杭州：浙江工商大学出版社，2015.

［56］ 沈其新 . 图腾文化故事百则 [M]. 长沙：湖南出版社，1991.

［57］ 周传林 . 巧吃野菜新"食"尚 [M]. 北京：东方出版社，2008.

［58］ 福建省炎黄文化研究会 . 畲族文化研究 [M]. 北京：民族出版社，2007.

［59］ 石中坚，雷楠 . 畲族祖地文化新探 [M]. 兰州：甘肃民族出版社，2010.

［60］ 梅松华 . 畲族饮食文化 [M]. 北京：学苑出版社，2010.

［61］ 福建省少数民族古籍丛书编委会 . 畲族卷·民间故事 [M]. 福州：海峡书局，2013.

［62］ 蓝运全，缪品枚 . 闽东畲族志 [M]. 北京：民族出版社，2000.

［63］ 钟发品 . 畲族礼仪习俗歌谣 [M]. 北京：中国文化出版社，2010.

［64］ 浙江省少数民族编纂委员会 . 浙江省少数民族志 [M]. 北京：方志出版社，1999.

［65］ 邱国珍 . 浙江畲族史 [M]. 杭州：杭州出版社，2010.

［66］ 郭志超 . 畲族文化述论 [M]. 北京：中国社会科学出版社，2009.

［67］ 蓝炯熹 . 畲民家族文化 [M]. 福州：福建人民出版社，2002.

［68］ 吕立汉 . 丽水畲族古籍总目纲要 [M]. 北京：民族出版社，2011.

［69］ 浙江省丽水地区《畲族志》编纂委员会 . 丽水地区畲族志 [M]. 北京：电子工业出版社，1992.

［70］ 柏贵喜等.土家族传统知识的现代利用与保护研究 [M]. 北京：中国社会科学出版社，2015.

［71］ 尹绍亭.人与森林——生态人类学视野中的刀耕火种 [M].昆明：云南教育出版社，2000.

［72］ 广东省地方史志编纂委员会.广东省志·少数民族志 [M].广州：广东人民出版社，2000.

［73］ 方清云等.敕木山中的畲族红寨——大张坑村社会调查 [M].武汉：华中科技大学出版社，2018.

［74］ 雷后兴，李水福.中国畲族医药学 [M].北京：中国中医药出版社，2007.

［75］ 雷必贵.苍南畲族习俗 [M].北京：作家出版社，2012.

［76］ 雷先根.畲族风俗 [M].2003.

［77］ 景宁畲族自治县民族事务委员会.景宁畲族自治县畲族志 [M].1991.

［78］ 铅山县民族宗教事务局.铅山畲族志 [M].北京：方志出版社，1999.

［79］ 福州市地方志编纂委员会.福州市畲族志 [M].福州：海潮摄影艺术出版社，2004.

［80］ 何林超.黔岭山哈嗣·畲族 [M].贵阳：贵州民族出版社，2014.

［81］ 《福安畲族志》编撰委员会.福安畲族志 [M].福州：福建教育出版社，1995.

［82］ 南平市延平区畲族研究联谊会.延平畲族 [M].厦门：鹭江

出版社，2013.

［83］ 文成县畲族志编撰委员会 . 文成县畲族志 [M]. 北京：方志出版社，2019.

［84］ 中国人民政治协商会议浙江省苍南县委员会，文史资料委员会 . 畲族回族专辑（第 17 辑）[M].2002.

［85］ 中国人民政治协商会议景宁畲族自治县委员会，文史资料委员会 . 景宁畲族史料专辑 [M].1989.

［86］ 中国人民政治协商会议浙江省云和县委员会文史资料研究委员会 . 云和文史资料——畲族史料专辑 [M].1987.

［87］ 蓝朝罗 . 平阳畲族 [M].2011.

［88］《福鼎县畲族志》编撰委员会 . 福鼎县畲族志 [M].2000.

［89］ 中共松阳县委统战部，松阳县民族宗教事务局 . 松阳县畲族志 [M].2006.

［90］ 张世元 . 金华畲族 [M] 北京：线装书局，2009.

［91］ 中共云和县委统战部，云和县人民政府民族科 . 云和县畲族志（草稿）[M].1993.

［92］《穆云畲族乡志》编委会 . 穆云畲族乡志 [M]. 福州：海峡书局，2014.

［93］ 丽水市莲都区史志办 . 沙溪风情 [M].2015.

［94］ 丽水学院畲族文化研究所，浙江省畲族文化研究会 . 畲族文化研究论丛 [M]. 北京：中央民族大学出版社，2007.

［95］ 中国畲族发展景宁论坛编委会 . 畲族文化研究文集 [M]. 北京：民族出版社，2017.

［96］ 谢晖，蒋传光，陈金钊主编.民间法·第14卷[M].厦门：厦门大学出版社，2014.

［97］ 陈鸣，匡耀求，黄宁生.从气候变化与人地关系演变看畲族生产习俗的变革[C].2010中国可持续发展论坛2010年专刊，2010（2）.

［98］ 郭少榕，刘东.民族文化，教育传承与文化创新——关于闽东畲族文化的传承现状与思考[C].福建省畲族文化学术研讨会论文集，2016.

［99］ 肖来付.畲族传统文化中的女性崇拜意识及其文化社会学解读[C].福建省畲族文化学术研讨会论文集，2016.

二、论文、报纸

［1］ Stephan Bodians. Simplein Means, Rich in Ends: A Eonrersation with Ame Naess [J].Ten Pirections（Summer / Fall），1982（b）：7.

［2］ Murray Bookchin. Tinking Ecologically: A Dialectical Approach [J]. Our Generation, 1987, 18（2）：3.

［3］ 傅衣凌.福建畲姓考[J].福建文化（第2卷），1944（1）.

［4］ 廖国强.朴素而深邃：南方少数民族生态伦理观探析[J].广西民族学院学报（哲学社会科学版），2006（2）.

［5］ 戚莹.儒家"天人调谐"对当代生态伦理观启示[J].农村经济与科技，2019（13）.

［6］　陈寿灿.畲族伦理研究：基本内容与现代价值 [J].浙江工商大学学报，2013（6）.

［7］　彭陈，李宝艳.儒家伦理思想的当代再阐释 [J].农村经济与科技，2018（3）.

［8］　何如意.老子"道法自然"的伦理思想及其生态启示 [J].南京林业大学学报（人文社会科学版），2019（4）.

［9］　计生荣.道家生态伦理思想研究 [J].开封教育学院学报，2019（11）.

［10］　郭晓磊.习近平生态伦理思想的哲学意蕴和当代价值 [J].党史文苑，2017（6）.

［11］　张燕.构建人类命运共同体的生态伦理思考 [J].昭通学院学报，2019（6）.

［12］　杨蕾.从生态伦理视角看当前我国生态文明建设 [J].河北农机，2019（11）.

［13］　史军，柳琴.传染病危机的生态伦理学反思 [J].阅江学刊，2020（2）.

［14］　张红.基于生态伦理视角的我国野生动物保护研究 [J].国家林业和草原局管理干部学院学报，2020（1）.

［15］　周鑫，高洁.贵州少数民族精神文化中的生态伦理思想 [J].芜湖职业技术学院学报，2018（4）.

［16］　余谋昌.环境保护就是政治——呼喊政治生态伦理 [J].环境，1999（10）.

［17］　胡兮，邓菲洁.增强设计学科人才生态伦理教育的研究 [J].

艺术与设计（理论），2018（7）.

［18］ 郭震洪，王伟.从伦理经济试论对生态伦理的经济研究 [J].
特区经济，2006（10）.

［19］ 李航.马克思主义生态观视域下大学生生态伦理教育 [J].吉
林工程技术师范学院学报，2018（1）.

［20］ 龙正荣.贵州黔东南苗族习惯法的生态伦理意蕴 [J].贵州民
族学院学报（哲学社会科学版），2011（1）.

［21］ 冯正强，何云庵.习近平的生态伦理思想初探 [J].社会科学
研究，2018（3）.

［22］ 王宽，秦书生.习近平新时代关于生态伦理重要论述的逻
辑阐释 [J].东北大学学报（社会科学版），2019（6）.

［23］ 许愿，朱育帆.风景园林学视野下生态伦理的应用范畴辨
析 [J].中国园林，2020（1）.

［24］ 刘杰.从福安古代建筑遗存看境内畲族居住建筑的类型及
演变 [J].文物建筑，2018（1）.

［25］ 梅松华.浙江景宁畲族饮食习俗变迁及原因探析 [J].非物质
文化遗产研究集刊，2010（1）.

［26］ 纬文，刘桂康.三明畲族民间医药的特点 [J].福建中医药，
2002（1）.

［27］ 林恩燕，王和鸣.福建民族民间医药概述 [J].中国民族医药
杂志，2000（1）.

［28］ 鄢连和，雷后兴，吴婷.浙江畲族民间用药特点研究 [J].中
国民族医药杂志，2007（6）.

［29］ 雷土根.略论畲族民间文学的发展趋势 [J].浙江师范学院学报（社会科学版），1983（1）.

［30］ 安尊华.论贵州畲族民间文学的价值 [J].贵州民族大学学报（哲学社会科学版），2014（3）.

［31］ 雷伟红.从婚姻家庭看畲族妇女的社会地位 [J].中南民族学院学报（哲学社会科学版），1998（1）.

［32］ 蓝炯熹.晚清闽东畲族乡村的乞丐问题——以九通畲村"禁丐碑"碑文为中心 [J].民族研究，2007（5）.

［33］ 邱国珍.畲族民间艺术论述 [J].温州职业技术学院学报，2014（1）.

［34］ 邱国珍.温州畲族民间艺术及其文化透视 [J].温州职业技术学院学报，2016（3）.

［35］ 洪伟.畲族非物质文化遗产法律保护研究——以浙江景宁畲族自治县为考察对象 [J].浙江社会科学，2009（11）.

［36］ 雷宝燕，石晓岚.福建畲族非物质文化遗产保护传承研究 [J].遗产与保护研究，2018（10）.

［37］ 董鸿安，丁镭.基于产业融合视角的少数民族农村非物质文化遗产旅游开发与保护研究——以景宁畲族县为例 [J].中国农业资源与区划，2019（2）.

［38］ 丁华.畲族非物质文化遗产保护分析 [J].中国民族博览，2019（10）.

［39］ 蓝炯熹，赖艳华，林锦屏.在福安市穆云畲族乡民俗调查 [J].宁德师范学院学报（哲学社会科学版），2014（3）.

［40］ 徐杰舜，钟中 . 畲族原始社会残余浅探 [J]. 福建论坛（文史哲版），1986（1）.

［41］ 许旭尧 . 畲族的祠堂、郡望、排行字与名讳 [J]. 图书馆研究与工作，2003（1）.

［42］ 陈圣刚 . 关于畲族社会传统伦理道德的文化解读 [J]. 黑龙江民族丛刊，2013（1）.

［43］ 雷伟红 . 论明清时期畲族家法族规制度的和谐因素 [J]. 兰台世界，2009（14）.

［44］ 叶成 . 大年初一摇毛竹（外二则）[J]. 浙江林业，2012（7）.

［45］ 林锦屏，赖艳华 . 福安穆云村落调查手记 [J]. 宁德师范学院学报（哲学社会科学版），2015（2）.

［46］ 方清云 . 论畲族"凤凰崇拜"复兴的合理性与必要性 [J]. 民族论坛，2013（1）.

［47］ 梅客 . 畲，瑶对客家山区经济影响述略 [J]. 广西民族研究，2003（3）.

［48］ 雷伟红 . 浙江畲族宗法制度初探 [J]. 浙江工商大学学报，2010（1）.

［49］ 谭静怡 . 婚嫁仪式与族群记忆——关于畲瑶传统婚姻文化历史流变的再思考 [J]. 温州大学学报（社会科学版），2016（6）.

［50］ 谭静怡 . 婚嫁仪式与文化印记——畲瑶传统婚姻文化的历史比较分析 [J]. 石河子大学学报（哲学社会科学版），2014（1）.

［51］ 余厚洪 . 清代至民国时期浙江畲族婚契探析 [J]. 档案管理，2016（4）.

［52］ 蓝斌．畲族族内婚原因分析［J］.兰台世界，2006（6）.

［53］ 雷弯山．原始婚姻文化在畲族中的遗留与内涵的转换［J］.中共福建省委党校学报，2002（3）.

［54］ 徐丽雅．论畲族婚育文化的特点、成因及借鉴［J］.人口与经济，2000（2）.

［55］ 谭振华，施强．畲族丧葬习俗演变初探［J］.丽水学院学报，2014（6）.

［56］ 罗俊毅．畲族丧葬仪式的音声研究［J］.音乐研究，2012（2）.

［57］ 王星虎．丧葬仪式与神圣叙事——论畲族（东家人）史诗《开路经》的活态演述传统［J］.西北民族大学学报（哲学社会科学版），2019（5）.

［58］ 邱云美．旅游经济影响下传统民族节庆变迁研究——以浙江景宁畲族"三月三"为例［J］.黑龙江民族丛刊，2014（5）.

［59］ 谢新丽，吕群超，谢新瑛，郑立文．基于旅游节庆开发的传统民俗文化现代化研究——以宁德市上金贝村"三月三"赛歌会为例［J］.福建农林大学学报（哲学社会科学版），2012（2）.

［60］ 马威．嵌入理论视野下的民俗节庆变迁——以浙江省景宁畲族自治县"中国畲乡三月三"为例［J］.西南民族大学学报（人文社会科学版），2010（2）.

［61］ 袁泽锐．畲族宗教信仰视阈中的生态经济伦理探析［J］.丽水学院学报，2017（4）.

［62］ 陈铭.论畲族宗教信仰与基督教的共存与发展——广东畲族乡上，下蓝村宗教信仰田野调查研究［J].广东技术师范学院学报（社会科学），2010（2）.

［63］ 马晓华.从祖图看畲族的宗教信仰［J].中国宗教，2007（3）.

［64］ 梅松华.畲族饮食道德文化元素探析［J].前沿，2011（6）.

［65］ 何星亮:中国少数民族传统文化与生态保护［J].云南民族大学学报（哲学社会科学版），2004（1）.

［66］ 吴宾.畲族服饰的特点及其艺术内涵浅析［J].文山师范高等专科学校学报，2007（4）.

［67］ 吴剑梅.论畲族女性崇拜与女性服饰［J].装饰，2007（5）.

［68］ 俞敏，崔荣荣.畲族"凤凰装"探析［J].丝绸，2011（4）.

［69］ 许雅玲，李颖伦.闽东畲族传统饮食的文化特色与养生价值刍议［J].宁德师范学院学报（哲学社会科学版），2015（4）.

［70］ 曾雄生.唐宋时期的畲田与畲田民族的历史走向［J].古今农业，2005（4）.

［71］ 李文华，麻健敏.青水畲族的宗族社会［J].宁德师专学报（哲学社会科学版），1998（2）.

［72］ 徐旺生.从间作套种到稻田养鱼，养鸭——中国环境历史演变过程中两个不计成本下的生态应对［J].农业考古，2007（4）.

［73］ 张梦娜，万定荣.我国畲药资源种类调查及其应用概况［J].

亚太传统医药，2017（1）.

［74］ 朱德明，李欣.浙江畲族医药民俗探微 [J].中国民族医药杂志，2009（4）.

［75］ 汪梅.人与自然的完美演绎——记景宁畲族住宅建筑的特色 [J].浙江工艺美术，2006（2）.

［76］ 李益长，许陈颖，陈丽冰.闽东畲族药资源产业化开发现状与对策——以福安畲药为例 [J].安徽农业科学，2016（5）.

［77］ 竹剑平，林松彪.浙江畲族民间医药卫生述要 [J].中华医史杂志，2002（4）.

［78］ 周军挺，鄢连和.畲族特有药材食凉茶的资源分布及利用分析 [J].中国药业，2013（8）.

［79］ 张实.福建省罗源县八井畲族村寨的民间医疗 [J].中国民族民间医药，2008（3）.

［80］ 朱美晓，鄢连和，杨婷婷，吴婷.浙江畲族民间药膳资源调查与分析 [J].中成药，2016（10）.

［81］ 徐成文.畲族食物疗法 [J].医药合璧，2018（9）.

［82］ 林莉君.温州地区畲族风俗歌之民俗场景及其类别特征（二）[J].浙江艺术职业学院学报，2008（6）.

［83］ 林茜茜.论畲族环境保护习惯的地位与命运 [J].重庆科技学院学报（社会科学版），2012（3）.

［84］ 潘超.基于特色农业产业的区域品牌构建——以"丽水山耕"为例 [J].江苏农业科学，2018（5）.

［85］ 王井泉．赋能"丽水山耕"实现"两山"转化［J］.中国品牌，2020（1）.

［86］ 顾瑛．农产品名牌战略与农业产业化结合初探［J］.农业经济，2002（9）.

［87］ 雷伟红．畲族生态伦理的意蕴初探［J］.前沿，2014（4）.

［88］ 张星海．发展生态科技的对策研究［J］.科技管理研究，2012（7）.

［89］ 陶火生，缪开金．绿色科技的善性品质及其实践生成［J］.武汉理工大学学报（社会科学版），2008（4）.

［90］ 薛建稳．非洲猪瘟防控措施［J］.畜牧兽医科学，2020（3）.

［91］ 邵海鹏．借鉴国外防控经验提高我国猪瘟应对能力［J］.中国食品，2019（23）.

［92］ 肖梦娜．试论农业保险——中国农业发展的重要保障［J］.市场周刊·理论版，2018（9）.

［93］ 张宇．"一带一路"合作倡议的实施与生态伦理的发展走向［J］.广西教育学院学报，2019（1）.

［94］ 王晓为，刘宇．达斡尔族民间故事中的生态伦理思想及当代价值［J］.黑龙江民族丛刊，2019（5）.

［95］ 赵谦．论米兰·昆德拉的生态伦理思想［J］.南京林业大学学报（人文社会科学版），2020（5）.

［96］ 郭雨童，董军．习近平生命共同体理念的生态伦理价值［J］.齐齐哈尔大学学报（哲学社会科学版），2020（9）.

［97］ 赵静．少数民族地区语言生态与语言生态伦理研究［J］.湖南

师范大学社会科学学报，2020（5）.

［98］ 黄梅，贺新春 . 赣南客家传统生态伦理文化的生成与现代传承 [J]. 温州大学学报（社会科学版），2020（4）.

［99］ 路强 . 从敬畏自然到环境关怀——关怀伦理的生态智慧启示 [J]. 东南大学学报（哲学社会科学版），2020（4）.

［100］魏红 . 少数民族生态伦理内源性资源当代价值研究——以绿色犯罪学为视域 [J]. 贵州民族研究，2020（6）.

［101］杨彬 . 汉语应用能力危机与母语传承的语言生态伦理分析 [J]. 湖南师范大学社会科学学报，2020（3）.

［102］付洪，宋扬 . 生态伦理视角下完善国家生态治理体系的多维路径探究 [J]. 广西社会科学，2020（6）.

［103］倪慧，简义记 . 乡村振兴背景下哈尼族传统生态伦理的当代传承 [J]. 红河学院学报，2020（3）.

［104］王坤宇，郝石磊 . 由瘟疫引发的生态伦理认知与实践 [J]. 江苏社会科学，2020（3）.

［105］姜慧玲 . 劳伦斯与休斯生态伦理观及其动物诗歌比较研究 [J]. 江苏大学学报（社会科学版），2020（3）.

［106］余达淮，张文彬 . 新冠肺炎疫情的生态伦理反思 [J]. 江苏社会科学，2020（3）.

［107］胡志远，胡顺宇 . 生态伦理视阈下习近平生态文明建设思想论析 [J]. 南京林业大学学报（人文社会科学版），2020（2）.

［108］曹顺仙，吴剑文 . 生态伦理视阈中野生动物保护优先的三

个维度 [J]. 南京林业大学学报（人文社会科学版），2020（2）.

[109] 程丽云，杨淑玉，张晓光. 生态文明视域下的赫哲族传统生态伦理思想 [J]. 佳木斯大学社会科学学报，2020（2）.

[110] 张红. 基于生态伦理视角的我国野生动物保护研究 [J]. 国家林业和草原局管理干部学院学报，2020（1）.

[111] 洪凌涛. 生态伦理视角下全域旅游建设——以大径山乡村国家公园为例 [J]. 乡村科技，2020（6）.

[112] 张治忠. 探寻国家治理现代化的生态善治之道——《国家治理与生态伦理》述评 [J]. 中南林业科技大学学报（社会科学版），2019（6）.

[113] 吴先伍. "见其生，不忍见其死"的生态伦理解析 [J]. 哈尔滨工业大学学报（社会科学版），2019（6）.

[114] 王蓉，渠彦超. 马克思生态伦理思想及其当代启示 [J]. 理论导刊，2019（8）.

[115] 李明军. "与物为春"——《聊斋志异》中的动物生态伦理及其人文情怀 [J]. 绍兴文理学院学报（人文社会科学），2019（4）.

[116] 赵靓. 构建以"生态整体主义"为中心的后现代生态伦理观——探究美国生态批评发展新趋势 [J]. 哈尔滨师范大学社会科学学报，2019（4）.

[117] 方玉清. 荀子"天人之辩"中的生态伦理原则论析 [J]. 成都理工大学学报（社会科学版），2019（4）.

［118］仇桂且.儒家传统生态伦理思想与生态文明：耦合逻辑与策略选择 [J].黑龙江生态工程职业学院学报，2019（3）.

［119］蔡梅良，李大静.论我国乡村旅游开发中生态伦理思想的渗透 [J].湘潭大学学报（哲学社会科学版），2019（3）.

［120］黄鹤.唯物史观视域下赫哲族生态伦理思想及其价值 [J].贵州民族研究，2019（4）.

［121］是丽娜，王国聘.湿地旅游的生态伦理属性及其价值选择 [J].南京林业大学学报（人文社会科学版），2019（1）.

［122］程晓雪.对自然消解的忧思和生态伦理的呼唤——《蘑菇圈》和《沙乡年鉴》的生态伦理观解读 [J].通化师范学院学报，2019（1）.

［123］张彭松.生态伦理思想的幸福之维 [J].江西社会科学，2019（1）.

［124］周琳.生态伦理的自然主义价值准则研究 [J].中南林业科技大学学报（社会科学版），2018（6）.

［125］王维平，王海龙.《资本论》生态伦理思想价值的时代解读 [J].兰州大学学报（社会科学版），2018（6）.

［126］吴素萍.畲族民间文学的审美特征与生态精神 [J].宁波职业技术学院学报，2016（3）.

［127］汪琴，王江益.畲族服饰之非物质文化遗产保护刍议 [J].合肥师范学院学报，2015（5）.

［128］雷伟红.浙江畲族宗法制度研究 [J].行政与法，2009（12）.

［129］白葆莉.中国少数民族生态伦理研究 [D].北京：中央民族

ℹ

大学，2007.

［130］谢建华. 论生态伦理的新自然主义基础 [D]. 太原：山西大学，2018.

［131］潘丹丹. 生态伦理及其实践研究 [D]. 北京：北京交通大学，2016.

［132］韩博. 马克思生态伦理思想研究 [D]. 沈阳：辽宁大学，2016.

［133］叶平. 基于生态伦理的环境科学理论观念和实践观念问题研究 [D]. 哈尔滨：哈尔滨工业大学，2014.

［134］王立平. 生态伦理视域中的草原生态文明——以内蒙古草原为例 [D]. 长春：吉林大学，2012.

［135］武成帮. 习近平生态伦理思想研究 [D]. 保定：河北大学，2019.

［136］赵玉. 习近平生态伦理思想及其当代价值研究 [D]. 石家庄：河北科技大学，2019.

［137］张鑫鑫. 马克思生态伦理思想研究 [D]. 秦皇岛：燕山大学，2019.

［138］徐志成. 畲族生态伦理研究 [D]. 杭州：浙江财经大学，2015.

［139］施长春. 新时代中国公民生态伦理观研究 [D]. 大连：辽宁师范大学，2019.

［140］黄钰鸥. 习近平人类命运共同体的生态伦理意蕴研究 [D]. 保定：河北大学，2019.

［141］胡芸迪. 我国环境保护中的生态伦理问题研究 [D]. 成都：成都理工大学，2019.

［142］肖雅锟. 云南少数民族传统生态伦理思想及其现代审视 [D]. 石家庄：河北师范大学，2009.

［143］章关春，何琦环，鄢莲和. 我国民族医药又一奇葩：畲族医药 [N]. 中国中医药报，2008-09-01（8）.

［144］姚驰，陈伊言. 景宁郑坑乡重金邀"生态猪"振兴畲寨 [N]. 丽水日报，2018-03-22.

［145］蓝吴鹏，吴卫萍，张伟龙. 景宁郑坑生态年猪"拱"出一条"致富路" [N]. 丽水日报，2020 年 1 月 21 日.

［146］全国政协委员，原中国保监会副主席周延礼. 六项建议推动农业保险高质量发展 [N]. 农村金融时报，2020-01-13.

［147］赵华甫. "四月八"——贵州畲族的牛王节 [N]. 贵州民族报，2019-09-03.

［148］胡雪峰，季凌云. 畲山草药香，绝技代代传 [N]. 丽水日报，2011-01-20.

三、网络

［1］屏南畲族的凤凰茶道 [EB/OL]. 中国网，2009-07-27. http://www.china.com.cn/aboutchina/zhuanti/xz/2009—07/27/content_18213521.htm.

［2］听说过吗？浙江这个地方的稻田里"长出"大量鲤鱼，村

民靠它增收致富 [EB/OL]. 腾讯网的浙江之声，2019-11-13. https://new.qq.com/omn/20191113/20191113A0I4U000.html.

［3］ 唐斓.丽水山耕，如何用四年时间做到了生态农业金名片 [EB/OL]. 新华网，2018-08-16. http://www.xinhuanet.com/2018—08/16/c_1123281480.htm.

［4］ 柳项云，刘劲松，李慧."云和雪梨""菇童"上榜 [EB/OL]. 云和新闻网，2017-07-17. http://zgyhnews.zjol.com.cn/yhnews/system/2017/07/17/030250434.shtml.

［5］ 云和县举办 2016 年安溪雪梨节暨首届登山节 [EB/OL]. 丽水市人民政府网，2016-09-28. http://www.lishui.gov.cn/sjbmzl/swgcbj/gzdt/201609/t20160929_1792641.html.

［6］ 王凤凤，项大圣.云和雪梨品牌入选"2019 浙江省十佳梨" [EB/OL]. 云和新闻网，2019-08-26. http://zgyhnews.zjol.com.cn/yhnews/system/2019/08/26/031870398.shtml.

［7］ 余波，李琦斐.景宁郑坑：生态猪"移栏出村"改善人居环境 [EB/OL]. 丽水网，2019-06-13. http://news.lsnews.com.cn/sz/201906/t20190613_205773.shtml.

［8］ 张巧燕，莫晓鸿，胡蕴韵.一年时间，遂昌 97 个集体经济薄弱村全部"摘帽" [EB/OL]. 浙江在线网，2018-06-04. http://cs.zjol.com.cn/zjbd/ls16512/201806/t20180604_7459980.shtml.

［9］ 仲冬遂昌，峻秀三仁，一起寻找坑口村的美丽 [EB/OL]. 丽水

网，2019-12-06. http://travel.lsnews.com.cn/201912/ t20191206_290919.shtml.

[10] 张巧燕，杜向阳. 笋菇同生增效益：遂昌三仁畲族乡发展林下经济，增加竹农收入 [EB/OL]. 遂昌新闻网，2020-01-20. http://news.lsnews.com.cn/df/202001/ t20200120_312258.shtml.

[11] 三仁畲族乡"十三五"国民经济和社会发展规划 [EB/OL]. 遂昌县人民政府网，2018-06-04. http://www.suichang. gov.cn/zwgk/bmzfxxgk/002662681/04/0401/201806/ t20180627_3249426.html.

[12] 桐庐县民宗局. 桐庐县莪山畲族乡发展稻鱼共作产业初具成效 [EB/OL]. 杭州市民族宗教事务局网，2020-05-14. 14http://mzj.hangzhou.gov.cn/art/2020/5/14/ art_1632183_42973940.html.

[13] 浙江省人民政府办公厅. 浙江省人民政府办公厅关于进一步促进生猪生产保障市场供应的通知政策解读 [EB/OL]. 浙江省人民政府网，2019-07-15. http://www.zj.gov.cn/ art/2019/7/15/art_1229019366_65185.html.

后　记

　　关于畲族生态伦理研究萌发于 2012 年，随着研究的深入，我有了想写一本著作的念头，阐述畲族生态伦理的内涵，直到现在才付诸实践。随着时间的推移，书籍阅读的深入和数量的增多、田野调查的深入，越发体会到畲族生态伦理内涵的博大精深。我在这里也许只是阐释了一部分内涵，或许只触及冰山的一角，即便如此，我也感受到了一丝欣慰。尽管我多年来"不务正业"，离开了法律研究伦理。事实上，正是对生态伦理的研究，才更有益于我国环境法治建设，它可以为环境法治建设提供价值引领。

　　本书主要从人与自然关系的角度出发，从传统到现代的历史演进的维度，从宏观到微观，在史料考察与田野调查的基础上，运用深度访谈，呈现畲族生态伦理的基本特质与发展变化，剖析畲族生态伦理与畲族人民生产、生活方面的内在关联与人文机理，阐述畲族生态伦理丰厚的内涵，阐释畲族生态伦理的精髓为人与自然的和谐共生共荣及其在当代的实践，勾勒出了一幅畲族生态伦理真实画像，展现了畲族优秀生态伦理道德的深邃内涵。畲族生态伦理的理念契合生态文明建设的价值和目标，将为民族地区的生态文明建设、中华传统文化的伟大复兴和乡村振兴战略提供理论指导和实践经验。

值得指出的是，在畲族生态伦理当代实践方面，由于受到新冠疫情的影响，田野调查局限于浙江省内，我把重心放在作为"绿水青山就是金山银山"理念萌发地和践行地的丽水市与作为"中国畲族第一乡"的桐庐县莪山畲族乡。本书所应用的访谈资料，是深入这些乡村社区、田间地头的个案调研，更关注生态伦理文化和道德生活中的微观层面。在一定意义上，正是对这些个案的收集、分析和解释，让我们打开了认识与研究畲族生态伦理的一个知识通道，从而更加有助于我们深刻理解畲族生态伦理生活。

在调研过程中，我们得到了浙江省松阳县统战部、遂昌县统战部、云和县统战部、丽水市莲都区老竹畲族镇、丽新畲族乡、松阳县板桥畲族乡、遂昌县三仁畲族乡、云和县安溪畲族乡、雾溪畲族乡、景宁畲族自治县惠明茶协会、龙泉县竹垟畲族乡和桐庐县莪山畲族乡的帮助，也得到了丽水市莲都区老竹畲族镇沙溪村、松阳县象溪镇上梅村、遂昌县三仁畲族乡好川村、坑口村、妙高街道东峰村、云和县安溪畲族乡黄处村、下武村、云和县雾溪畲族乡坪垟岗村、雾溪村、云和县元和街道苏坑村、山脚村、龙泉县竹垟畲族乡罗墩村、景宁畲族自治县周湖村、双后岗村、桐庐县莪山畲族乡中门村、龙峰村、沈冠村、新峰村等单位的热情支持。特别是得到了畲族同胞的热情帮助，他们是：浙江省云和县元和街道山脚村雷余庆、雷忠飞，云和县元和街道苏坑村蓝小建，松阳县象溪镇上梅村蓝水法，丽水市莲都区老竹畲族镇沙溪村许永卫（畲族女婿相当于半个儿子）、蓝政伟，桐庐县莪山畲族乡龙峰村雷天星，等等。由于本书内容的局限，我也仅做此小范围的列举。事实上，在这次的调研中，很多同胞不仅接受了我们的采访，还和我们分享了他们的经历和故事，让我们真切地体味到道德情感的快乐，品味到生态伦理生活的美好。在此我们对上述单位和人员的支持及帮助表示最诚挚的谢意！展望未来，前景光明，值得期待，但仍需砥砺前行！这是我走在畲乡所见所闻之后的感悟。

本书的总体结构、研究理路与方法、版面布置由中南民族大学法学院博士生、浙江工商大学法学院教授雷伟红完成。本书的内容由雷伟红和中南民族大学法学院博士生黄艳撰写。其中，雷伟红撰写第二章、第三章、第四章、第五章、第六章和第七章第一节、第二节中第一部分、第二节中第二部分的"加大生态科技力量投入"，共 13.8 万字。黄艳撰写第一章、第七章第二节第二部分的"健全各项补贴制度"和"健全农业保险制度"，共 5.2 万字。浙江工商大学杭州商学院的范舟岳老师和法学院的研究生陈岚星、吕建春参加了 2020 年 7—8 月的调研，并整理了访谈资料。浙江工商大学出版社的任梦茹编辑为本书的出版付出了辛劳，在此表示感谢。

　　本书是 2018 年度国家社科项目"少数民族环境习惯对生态文明建设的价值内涵与实践路径研究"（18BMZ120）的阶段性成果，也是浙江工商大学蓝色文明与绿色法制研究中心的研究成果。由于时间、精力和知识有限，本书还有一些内容没有涉及，所涉及的内容，亦有不少误漏之处，恳请读者批评指正。

雷伟红

2020 年 10 月于杭州